现代化工"校企双元"人才培养职业教育改革系列教材编写委员会

主任　高　炬　　　上海现代化工职业学院

委员（以姓氏笔画为序）

　　　　孙士铸　　　东营职业学院
　　　　严小丽　　　上海现代化工职业学院
　　　　李小蔚　　　江苏省连云港中等专业学校
　　　　张　庆　　　茂名职业技术学院
　　　　张　恒　　　常熟市滨江职业技术学校
　　　　张洪福　　　盘锦职业技术学院
　　　　张慧波　　　宁波职业技术学院
　　　　周川益　　　成都石化工业学校
　　　　胡　萍　　　寿光市职业教育中心学校
　　　　姚　雁　　　平湖市职业中等专业学校
　　　　徐丽娟　　　江苏省常熟职业教育中心校
　　　　黄汉军　　　上海现代化工职业学院

石油和化工行业"十四五"规划教材

上海市职业教育"十四五"规划教材

准用号：SG-ZZ-2023004

高等职业教育教材

现代化工职业基础

严小丽　高　炬　主　编

张海霞　副主编

张　庆　主　审

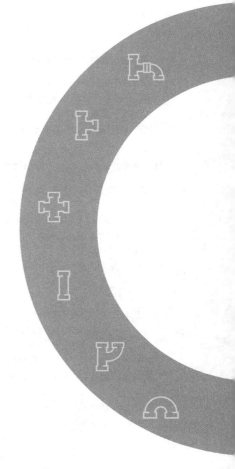

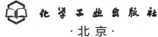

·北京·

内容简介

《现代化工职业基础》主要是为理工科院校化工类及相关专业的学生学习现代化工职业和生产岗位相关的知识、技能而编写的入门教材。全书共设置了十个学习情境，主要包括：职业认知、入职体检、劳动合同签订、入职报到、安全培训、化工装置体验、现场巡检、装置检修、突发应急、职业发展。本书渗透了课程思政和新工科发展理念，将人文素养、安全思维、法律法规、绿色化、智能化、信息化等元素"基因式"地融入教材中，是引导学生树立正确世界观、人生观、价值观的化工类专业启蒙教材。全书采用活页式设计，配套丰富的数字化资源，以多媒体方式立体展现知识体系，大大提高学生自主学习的兴趣。

本书可作为职业院校化工类及相关专业（如化工、炼油、制药、能源、材料、分析检验、环境化工等）的教材，也可作为化工行业职场新人的培训用书，同时还可作为非化工专业人员了解现代化工职业和生产概貌的参考书。

图书在版编目（CIP）数据

现代化工职业基础 / 严小丽，高炬主编；张海霞副主编. —北京：化学工业出版社，2022.11（2025.7重印）
高等职业教育教材
ISBN 978-7-122-42146-3

Ⅰ.①现… Ⅱ.①严…②高…③张… Ⅲ.①化学工业-高等职业教育-教材 Ⅳ.①TQ

中国版本图书馆CIP数据核字（2022）第166570号

责任编辑：旷英姿　提　岩
文字编辑：师明远
责任校对：张茜越
装帧设计：王晓宇

出版发行：化学工业出版社
　　　　（北京市东城区青年湖南街13号　邮政编码100011）
印　　装：北京瑞禾彩色印刷有限公司
787mm×1092mm　1/16　印张16¼　字数434千字
2025年7月北京第1版第3次印刷

购书咨询：010-64518888
售后服务：010-64518899
网　　址：http://www.cip.com.cn
凡购买本书，如有缺损质量问题，本社销售中心负责调换。

定　　价：68.00元　　　　　　　　　　　　　　版权所有　违者必究

前言 PREFACE

化工行业是国民经济发展的重要支柱产业,随着新时代化工行业发展的深刻变革,化工产业对技术技能人才的要求与内涵也发生了深刻变化。新工科背景下,现代化工生产领域亟须培养德、智、体、美、劳全面发展的高素质技术技能人才。

本书编写团队根据新时代化工产业发展理念对人才培养的要求,全面贯彻习近平总书记对职业教育工作中的重要指示和全国职业教育大会精神,聚焦"立德树人"根本任务,编写化工类专业先导性课程教材。本教材不仅承担专业引导和兴趣提升的任务,还具有引导学生树立正确世界观、人生观、价值观的任务。教材编写立足于职业人的视角,从职业认知、入职流程体验、岗位生产等方面安排全书架构,将人文素养、安全思维、法律法规及绿色化、智能化、信息化等元素"基因式"地融入教材中,旨在培养学生对现代化工职业和化工生产的全面认识,引导学生树立正确的职业观,养成安全生产和规范操作的职业习惯。教材编写体现以下特色:

1. 有机融合思政教育与新工科发展理念,落实立德树人根本任务

本书着力发挥课程先导性、综合性、互动性等特征,融合思政教育和新时代发展理念,将文化内涵、安全思维、绿色发展等元素体现在每个学习任务中,弘扬技术兴国、技能强国的社会主义核心价值观,引导学生养成良好职业素养。

例如,在职业认知情境中,介绍中国化学工业百年发展史、工匠精神、技能助力成才等拓展知识,弘扬爱国主义情操,增强学生的民族自豪感,树立职业理想信念和具备立志成才的信心;入职体验的情境中,将《中华人民共和国职业病防治法》(2018修正)《中华人民共和国劳动合同法》(2012修正)《中华人民共和国安全生产法》等相关法律法规以拓展阅读形式嵌入学习任务中,增强学生的法律意识和自我保护意识;岗位生产的各情境中,将规章制

度、安全操作规程、安全事故警示教育等有机融合在各生产任务中，培养学生遵守制度、敬畏制度、遵循安全规范操作的良好习惯。

2. 立足化工生产职业人视角，架构教材框架体系

传统的化工类专业先导性课程的教材基本是以学科知识体系架构，主要介绍现代化工各领域相关化学工程的理论知识、典型工艺与生产过程等。本教材立足于职业人的视角，以工作过程体系为架构，从职业认知、入职流程体验、岗位生产等方面进行安排。教材共设置了十个具体的学习情境，包括职业认知、入职体检、劳动合同签订、入职报到、安全培训、化工装置体验、现场巡检、装置检修、突发应急、职业发展，层层揭开化工职业和化工生产的面纱。在每个学习情境下设置了若干个学习任务，学习任务以真实职业体验和岗位生产具体工作为原型进行设计，情境和任务有序串接、循序渐进。

3. 突出工作情境和职业岗位活动，体现生产真实任务

本书中的学习情境参照化工职业和化工生产的工作情境，学习任务源于职业体验和岗位真实的生产任务，情境和任务的设计尽可能地与职业和岗位生产无缝对接，内容的选取突出对准职业人核心素养的培养。学习任务的实施依据化工生产真实流程进行操作体验式设计，有具体的操作步骤、操作标准、操作示范，供师生学习和完成活动/任务时查阅。学习任务后配套了学习活动，每个活动根据真实任务的实施流程设置了角色分配、安全须知、活动/任务实施、评估谈话、活动/任务评价等。全书对每个学习情境和任务均采取了模块化、活页式的呈现形式，学员可根据需要灵活选择学习。

4. 配套丰富的数字资源，满足学生自主性、个性化学习

本书体例新颖，配套资源丰富。将知识、技能、素养等学习内容通过文字、图片、数字资源、交互游戏等多种方式立体地展现出来，不仅有助于学生对专业知识的理解，还方便学生充分利用碎片化时间开展自主性、个性化学习。教材配套数字资源有：相关法律条例、安全生产案例、社会热点等拓展阅读配套文本文件资源；复杂的设备结构、抽象的工作原理等知识点配套 3D 动画资源；危险化学品及特定高危化工生产过程，配套 2D 动画资源；化工岗位真实生产任务的呈现，受时间、空间、对象及技术要求，配套视频资源等。

本教材涉及资源详见附录一配套数字资源目录，所有资源信息可通过扫描书中二维码获取。

本教材由上海现代化工职业学院严小丽和高炬担任主编，张海霞担任副主编。上海现代化工职业学院沈端、朱文闻，成都石化工业学校蔡统琴，盘锦职业技术学院何秀娟，东营职业学院李萍萍参与编写。具体编写分工如下：严小丽担任学习情境一、学习情境二任务一、学习情境六任务一和任务二的编写及数字资源开发；高炬担任学习情境三任务二、学习情境四、学习情境九

任务三的编写；张海霞担任学习情境七、学习情境八任务二和任务三、学习情境九任务一、附录的编写及数字资源开发；朱文闻担任学习情境二任务二、学习情境六任务三的编写及数字资源开发；沈端担任学习情境三任务一、学习情境八任务一、学习情境十的编写及数字资源开发；蔡统琴担任学习情境五任务二、学习情境九任务二的编写；何秀娟担任学习情境五任务一、任务三的编写；李萍萍担任学习情境八任务四的编写。

本书在编写和资源开发过程中，还邀请了常熟市滨江职业技术学校徐丽娟、李建东，上海应用技术大学陈桂娥、上海现代化工职业学院章红等教师，张华、黄从会、俞亮、杨优良等相关行业企业工程技术人员参与了教材研讨、脚本开发和审核工作，使本书内容更贴近化工职业和化工生产实际，体现职业岗位需求，满足一线教学需要。全书由严小丽、高炬、朱文闻统稿，茂名职业技术学院张庆主审。感谢上海虎置文化集团有限公司为本教材配套的数字资源提供技术支持。

由于编者的经历和水平有限，书中疏漏之处在所难免，欢迎广大读者批评指正。

编者

2022 年 8 月

目录
CONTENTS

学习情境一 职业认知   1

情境描述   1

任务一 化学工业认知   2

一、化学工业的地位与作用   2
二、化学工业的特点   4
三、化学工业的发展趋势   6
四、化工企业生产运营状况及企业文化   8
巩固练习   10

任务二 职业生涯规划   11

一、职业生涯   11
二、职业生涯规划   12
学习活动   14
巩固练习   15

学习情境二 入职体检   16

情境描述   16

任务一 职业禁忌与职业病认知   17

一、职业禁忌   17
二、职业病   18
三、职业病防治法   19
四、化工行业常见职业病的类型及危害   22
学习活动   23
巩固练习   23

任务二 化工职业病危害预防   24

一、职业病危害因素   24
二、化工常见职业病危害因素及其防护   25
学习活动   31
巩固练习   32

学习情境三
劳动合同签订 … 33

情境描述 … 33

任务一 劳动合同签订前须知 … 34

一、化工行业相关法律法规 … 34
二、劳动者的权利和义务 … 35
三、劳动合同 … 36
学习活动 … 40
巩固练习 … 42

任务二 劳动争议处理 … 43

一、劳动争议 … 43
二、劳动争议解决的途径 … 44
学习活动 … 46
巩固练习 … 46

学习情境四
入职报到 … 48

情境描述 … 48

任务 新员工入职报到 … 49

一、新员工入职报到流程 … 49
二、现代化工企业的组织结构 … 50
三、化工企业主要部门的职能 … 51
学习活动 … 52
巩固练习 … 54

学习情境五
安全培训 … 55

情境描述 … 55

任务一 化工生产风险因素识别 … 56

一、化工企业三级安全培训 … 56
二、化工生产风险因素 … 57
学习活动 … 62
巩固练习 … 64

任务二 劳动防护用品正确选择和穿戴 … 65

一、劳动防护用品的分类 … 65
二、常用劳动防护用品 … 66
三、常用劳动防护用品的使用 … 70
四、劳动防护用品的管理与配备 … 72
学习活动 … 74
巩固练习 … 75

任务三　灭火器正确选择和使用　　　77

一、火灾分类　　　77　　学习活动　　　82
二、灭火方法及其原理　　　77　　巩固练习　　　83
三、灭火剂和灭火器　　　79

学习情境六
化工装置体验　　　84

情境描述　　　84

任务一　化工装置辨识　　　85

子任务一　化工典型设备辨识　　　85　　六、精馏塔　　　90
一、电动机和传动箱　　　85　　七、换热器　　　91
二、泵　　　86　　八、过滤设备　　　92
三、往复式活塞压缩机　　　87　　学习活动　　　93
四、储罐　　　88　　巩固练习　　　95
五、反应釜　　　89

子任务二　化工管路及阀门辨识　　　96　　学习活动　　　104
一、管子、管件和阀门　　　96　　巩固练习　　　106
二、管路的连接方式　　　101

子任务三　化工测量仪表辨识　　　108　　四、流量测量　　　115
一、温度测量　　　108　　学习活动　　　118
二、压力测量　　　111　　巩固练习　　　119
三、物位测量　　　113

子任务四　公用工程系统辨识　　　121　　二、消耗定额　　　124
一、公用工程　　　121　　巩固练习　　　125

任务二　化工质量监测与过程控制　　　126

一、质量监测　　　126　　巩固练习　　　133
二、过程控制　　　129

任务三　化工生产工艺流程识读　　　135

子任务一　化工生产过程认知　　　135　　二、化工生产工艺流程　　　137
一、化工生产过程　　　135　　巩固练习　　　138

子任务二　工艺流程示意图识读和绘制　　　141　　二、工艺流程示意图绘制　　　142
一、工艺流程示意图识读　　　141　　巩固练习　　　145

子任务三 工艺管道及仪表流程图识读 147
一、工艺管道及仪表流程图（P&ID）的内容 147
二、工艺管道及仪表流程图的识读 151
学习活动 152
巩固练习 156

学习情境七
现场巡检　161

情境描述 161

任务　现场巡检 162

一、化工装置现场巡检 162
二、现场巡检路线与方法 163
三、化工设备巡检 164
巩固练习 167

学习情境八
装置检修　168

情境描述 168

任务一　作业许可与能量隔离 169

一、作业许可 169
二、能量隔离 171
巩固练习 175

任务二　受限空间作业 176

一、受限空间概念 176
二、受限空间作业危险特性 176
三、受限空间作业安全措施及要求 177
四、受限空间作业前准备 178
学习活动 183
巩固练习 189

任务三　动火作业 190

一、动火作业的定义与分级 190
二、动火作业安全要求 191
三、动火作业相关人员职责 192
四、"动火安全作业票"的管理 192
巩固练习 193

任务四　其他特殊作业 194

一、盲板抽堵作业 194
二、高处作业 195
三、吊装作业 196
四、临时用电作业 197
五、动土作业 198
六、断路作业 199
巩固练习 199

学习情境九
突发应急 —— 201

情境描述 201

任务一 应急管理认知 202

一、突发事件 202
二、生产安全事故 203
三、应急管理 204
四、应急预案 205
五、应急演练 208
巩固练习 209

任务二 化学品泄漏应急处理 210

一、泄漏 210
二、化学品泄漏处置一般程序 211
巩固练习 213

任务三 现场急救 214

一、现场急救基本流程 214
二、现场急救技术 216
学习活动 222
巩固练习 223

学习情境十
职业发展 —— 225

情境描述 225

任务 岗位晋升解析 226

一、职业阶梯 226
二、岗位晋升 226
三、职场突围 228
巩固练习 232

附录 —— 233

一、配套数字资源目录 233
二、安全标志 235

参考文献 —— 246

学习情境一
职业认知

情境描述

小王是申江化工职业学院化工专业的一名学生,在充分认知化学工业的重要地位和发展趋势的基础上,他确立了自己的职业发展领域——化工生产,并暗下决心,认真学习专业理论和实践技能,努力实现自己的职业理想。

任务一　化学工业认知

任务描述

小王是职业学院化工专业的学生，他刚刚涉足化工领域，需要了解化工行业及其在社会发展中的地位和作用，了解现代化工企业的生产运营状况及企业文化等，在此基础上深入认识化学工业与化工生产，为确立职业发展目标做好准备。

理解"化工"基本概念，了解中国化学工业发展史。

知晓化学工业的地位、作用与特点，了解"双碳"目标、节能降耗、清洁生产发展趋势。

了解现代化工企业的生产运营状况和企业文化。

感受中国化学工业的发展变化，树立正确的化工职业理想和择业观。

在现代汉语中，化学工艺（chemical technology）、化学工业（chemical industry）、化学工程（chemical engineering）都简称为化工。这三者含义不同，却又关系紧密，相互渗透。

化学工艺又称为化学生产技术，指运用化学方法改变物质组成、结构或合成新物质的技术。

化学工业又称为化学加工工业，泛指生产过程中化学方法占主要地位的过程工业。它由最初只生产纯碱、硫酸等少数几种无机产品和主要从植物中提取茜素制成染料的有机产品的手工作坊，逐步发展成为工厂，并成为一个多行业多品种的生产加工制造行业。

化学工程，是以化学、物理学、数学为基础并结合其他工程技术，研究化工生产过程的共同规律，解决规模放大和大型化中出现的诸多工程技术问题的学科。如今，化学工业生产提高到了一个新水平，从经验或半经验状态进入理论和预测的新阶段，化学工业大规模生产及创造能力加快了人类社会发展的进程。

请阅读《中国化学工业百年发展大事记》（引自中国化工报）。在中国共产党的领导下，中国化学工业走过百年华诞，几代化工人砥砺初心，艰苦奋斗，践行产业报国的使命责任，展现了化工人崭新的精神风貌。

一、化学工业的地位与作用

化学工业是国民经济的基础性行业和支柱产业，它为其他工业、农业、交通运输业、国防军事、航空航天和信息技术等领域提供了丰富的必需化学品、基础材料和能源。化学工业的产品渗透于现代社会生活的各个领域和人类生活的各个方面，无论是衣、食、住、行等物质生活领域，还是文化艺术等精神生活领域都离不开化工产品。

1. 人类的衣、食、住、行都与化学产品息息相关

衣

石油是制备合成纤维的主要原料；通过化学处理和印染可以得到色泽鲜艳的织物。

食

化肥和农药的使用保证了粮袋子和菜篮子的丰盛；色香味俱佳的食物也离不开各种食品添加剂。

住

现代建筑所用的水泥、石灰、油漆、玻璃和涂料等都是化工制品，我们居住的环境也因这些化工制品而更加舒适和美好。

行

各种现代交通工具不仅需要汽油、柴油等作为动力，塑料座椅、透明车灯、橡胶轮胎、内部装饰及视听器材等都是化工产品。

另外，药品、洗涤剂、美容品和化妆品等日常生活必不可少的用品也都是化工产品。

2. 社会发展离不开化学工业

化学工业对于农业、其他工业、国防军事、航空航天和信息技术等领域具有重要的意义。

（1）化学工业是农业现代化的物质基础

① 提供了大量的化肥、农药、薄膜、胶管等，促进了农、林、牧、副、渔各业的全面发展。
② 农、副产品的综合利用和合理储运，需要化工生产知识和技术。

（2）为其他工业的发展提供大量原材料

① 为能源工业提供原燃料。
② 为工业现代化和国防现代化提供各种性能迥异的材料。
③ 为导弹、人造卫星的发射提供多种具有特殊性能的化工产品等。

> **加油站**
>
>
> 中国人民解放军新一代洲际弹道导弹——东风-41和巨浪-2都采用了国产碳纤维材料生产导弹壳体。
>
> 碳纤维具有耐腐蚀、强度高、密度低、耐超高温、电磁屏蔽等优异特性,广泛应用于航空、航天和国防军工等领域。我国高性能碳纤维应用在了多种具有重要战略意义的新型武器和装备上,包括东风-41洲际导弹、反导拦截系统、歼-20隐形战机零部件、C919大飞机结构、高铁的车身等。
>
>
> "祝融号"火星车采用了中国科学院研发的高强韧性的新型铝基碳化硅复合材料。
>
> 新型铝基碳化硅复合材料比传统复合材料塑性提升了一倍以上,同时保持了高强度、高各向同性、高耐磨性和稳定性。"祝融号"火星车的行走机构、驱动机构、探测器等50余种零部件均应用了该材料,车身又强又韧又稳定,可解决火星复杂地貌导致的冲击、刺穿开裂、磨损等问题。

(3)化学工业的发展促进了科学技术的发展 科学技术和生产水平的提高,新的实验手段和电子计算机的应用,加快了化学与其他学科的相互渗透、相互交叉,也大大促进了其他基础科学和应用科学的发展和交叉学科的形成。

(4)为可持续发展做出贡献 目前很多的社会热点问题,如新能源的开发利用、具有特殊性能的新型材料的研发、生命过程奥秘的探索等,都与化学工业密切相关。

二、化学工业的特点

化学工业是以化学加工为主、制造新物质的产业或行业,具有独特性和不可取代性的特征。随着人类社会的不断进步,化学工业也由初步加工向深度加工发展,由一般加工向精细加工发展。如今,现代化学工业主要呈现以下特点。

1. 原料、产品和生产方法多样化

化学工业充分利用资源,同一种原料可以生产得到多种不同的产品。例如石油经过炼制,可以得到各种不同用途的油品,进一步加工还可得到石油化工的基本原料(乙烯、丙烯、芳烃等),进而制得合成纤维、塑料、合成橡胶等多种产品。同样地,同一种产品也可采用不同原料、不同生产方法制得;同一种原料还可通过不同的生产方法制得同一产品。

2. 生产规模大型化、生产过程综合化、化工产品精细化

(1)大型化 生产规模是决定化工生产过程经济效益的一个重要影响因素。装置规模增大,单位容积、单位时间的产出率随之显著增大,能耗下降。

就乙烯装置而言,从20世纪90年代的50万~60万吨/年装置能力发展到现在的80万~100

万吨/年，甚至150万吨/年，人们发现，100万吨/年的乙烯生产装置与50万吨/年的乙烯生产装置相比较，吨成本可以降低约25%。因此，建设大型化装置，发展规模经济，是国内乙烯工业实现低成本战略的有效途径。

（2）综合化　生产过程的综合化既可以使资源和能源得到充分、合理的利用，就地将副产物和"三废"转化成有用的产品，做到没有"三废"排放或排放最少，又可以表现为不同化工厂的联合及其与其他产业部门的有机联合。

案例赏析

上海化学工业区"氯"的综合利用

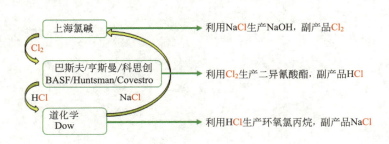

（3）精细化　精细化工产品是指技术含量高、附加值好的具有优异性能或功能，并能适应快速变化的市场需求的产品。多年来，我国重视精细化工行业的发展，一直将精细化工作为化学工业发展的战略重点之一。我国将不断推动化工产业结构调整及产品升级换代，促进精细化工产业由大国向强国迈进，产业总产值突破5万亿元，精细化率超过50%。

3. 知识、技术和资金密集化

化学工业是知识密集、技术密集及资金密集的工业部门。现代化学工业的持续发展需要不断采用高新技术进行设计和生产，并将科研成果转化为生产力。多学科的强强联合和巨额资金的投入，是实现新品种研发、新技术创新、生产自动化与智能化的重要保障。

4. 生产过程安全化与清洁化

化工生产中的不安全因素有很多，如易燃易爆、有毒有害、高温高压、深冷、真空、工艺过程多变等，不少企业还会涉及需要重点监管的危险化工工艺、危险化学品、重大危险源（简称"两重点一重大"）。因此，创设安全生产环境，加强安全监管力度，大力发展绿色化工工艺等，才能确保化工生产安全、稳定、连续、高效运转，这也是化学工业赖以持续发展的关键因素之一。

5. 能源、资源消耗高

化工生产不仅是化学变化过程，而且还伴随着能量的传递和转换。化工生产部门是耗能大户，因此，合理用能和节能显得极为重要。许多耗能高的生产方法或工艺正逐渐被淘汰，一些具有提高生产效率或节约能源前景的新方法、新工艺被广泛开发和应用。

加油站

"两重点一重大"企业必须严格落实安全生产主体责任

由于化工生产中存在诸多不安全因素,企业若不能严格落实安全生产管理职责,就有可能发生化工生产事故。涉及"两重点一重大"的生产、储存等单元,风险较一般单元更高,一旦发生事故,很容易造成群死群伤、严重的环境污染,必须持续加强管理。

国家明确要求涉及"两重点一重大"的企业,必须严格落实安全生产主体责任,持续加强安全管理工作,确保合法,安全运营,充分避免各类生产安全事故尤其是重特大事故的发生。国家先后公布了相关文件:

1. 重点监管的危险化工工艺

①《国家安全监管总局关于公布首批重点监管的危险化工工艺目录的通知》(安监总管三〔2009〕116号)。

②《国家安全监管总局关于公布第二批重点监管危险化工工艺目录和调整首批重点监管危险化工工艺中部分典型工艺的通知》(安监总管三〔2013〕3号)。

2. 重点监管的危险化学品

①《国家安全监管总局办公厅关于印发首批重点监管的危险化学品安全措施和应急处置原则的通知》(安监总厅管三〔2011〕142号)。

②《国家安全监管总局关于公布第二批重点监管危险化学品名录的通知》(安监总管三〔2013〕12号)。

3. 重点监管的危险化学品重大危险源

①《危险化学品重大危险源监督管理暂行规定》(国家安全生产监督管理总局令第40号,自2011年12月1日起施行,2015年5月27日修正)。

②《关于印发危险化学品企业重大危险源安全包保责任制办法(试行)的通知》(应急厅〔2021〕12号)。

③《应急管理部办公厅关于开展危险化学品重大危险源企业2021年第二次安全专项检查督导工作的通知》(应急厅函〔2021〕210号)。

三、化学工业的发展趋势

我国化学工业在20世纪80年代得到了迅速的发展,进入21世纪之后,在石油化工和材料领域取得了很多突破,各子行业都不断有世界级装置投产,无论是规模还是先进性都居于世界前列。目前,化学工业已形成门类较为齐全、产品配套的产业布局,我国成了世界公认的化工大国,绝大多数化工产品产能已居于世界第一,但在高端化工新材料、高端化工装备及尖端技术方面还依赖国外。在未来的发展中,我国将会有一批龙头企业实现

"3060"碳目标

2030年实现碳达峰,2060年实现碳中和

2021年~2030年:实现碳排放达峰

2031年~2045年:快速降低碳排放

2046年~2060年:深度脱碳,实现碳中和

对海外化工巨头的追赶和超越，我国必然崛起成为世界级化工强国。

随着世界经济全球化进程的不断加快，我国化学工业的发展趋势主要表现在以下几方面。

1. 积极推进碳减排，聚焦"双碳"战略

中国提出了碳达峰与碳中和"3060"目标。二氧化碳的排放来源中工业能源占比38%，为实现能源低碳零碳化转型，将加快推动氢能和工业电气化在工业领域的应用，同时大力发展工业碳捕捉技术，加强生产废物利用、发展循环经济等措施促进低碳发展，减少碳排放和碳足迹，并通过碳汇或人工负排放措施，使温室气体排放总量归零。

碳达峰与碳中和

习近平同志在第七十五届联合国大会一般性辩论上提出我国二氧化碳排放力争于2030年前达到峰值，努力争取2060年前实现碳中和。

"碳达峰"（carbon emissions peak）是指在碳中和实现的过程中，二氧化碳（CO_2）的排放在某一个时点或时段达到峰值，之后不再增长并逐步回落。

"碳中和"（carbon neutrality）是指国家、企业、产品、活动或个人在一定时间内直接或间接产生的 CO_2 或温室气体排放总量，通过使用低碳能源取代化石燃料、植树造林等形式，以抵消自身产生的 CO_2 或温室气体的排放量，实现正负抵消。

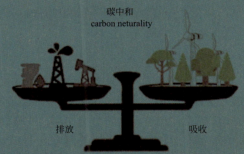

减少 CO_2 排放量的手段，一是碳封存，主要由土壤、森林和海洋等天然碳汇吸收储存空气中的 CO_2；二是碳抵消，通过开发低碳清洁技术等，吸收 CO_2，对已产生的碳足迹进行一定程度的抵消。一旦彻底消除 CO_2 排放，我们就能进入净零碳社会。

"十四五"是实现碳达峰的关键期、推进碳中和的起步期。为实现"3060"双碳目标，国家"十四五"规划提出：

① 碳排放达峰后稳中有降，美丽中国建设目标基本实现。

② 推动非化石能源和天然气成为能源消费增量的主体。

③ 将可再生能源消费纳入地方经济社会发展考核。

④ 完善能源产供储销体系，提升新能源消纳和存储能力。

2. 加快工艺技术改造，促进清洁发展

围绕重点行业和重点污染开展清洁生产技术改造，实施有害有毒原料替代，开发无毒、高效的催化剂，推广绿色生产工艺，降低污染物排放强度，从源头上消除污染，实现生产过程清洁化。

3. 加强资源综合利用，促进循环发展

目前，国内缺少先进的循环经济技术，如缺少低耗能的先进工艺技术、废物利用及"三废"治理技术和产业链之间的连接技术等。加强资源的综合利用，促进循环发展，是化工行业发展的必然趋势，构建企业小循环、园区中循环、社会大循环三个层面的循环经济体系，提高产业关联程度和循环连接效益。

4. 降低资源能源消耗，促进节约发展

行业将不断完善能效"领跑者"发布制度和节能标准体系，深入开展能效对标；完善节能节水标准体系，开展水效"领跑者"活动；大力推广先进高效节能工艺技术及装备，如推进低阶煤分级分质、清洁高效利用技术，"煤化电热"多联产技术以及煤油气综合利用等多项煤化工产业化等，促进行业低耗高效发展。

四、化工企业生产运营状况及企业文化

企业的运营是指围绕产品，凭借最小的成本、最合适的手段、最高效的执行，对资源进行最优化的整合发力，通过各种计划、组织、实施和控制路径，实现业务目标最大化的过程。它是与产品生产和服务创造相关的各项管理工作的总称。

生产运营是指将投入转换成最终产品相关的活动，化工企业的生产运营一般包括原辅料的采购接收、产品生产、取样及分析检测、巡检、维修、工艺优化、仓储等。

1. 化工企业生产运营状况

作为世界上规模最大、最多元化的行业之一，化工行业正经历着一场深刻的变革。在"碳达峰"和"碳中和"为主题的新时期，化工行业致力于通过大规模采用创新技术来提高效率、降低能耗、减少碳足迹。现代化工企业通过引进并推广数字化运营，创建智能工厂，实现转型升级和可持续发展，增强企业的市场竞争力，持续提升生产运营水平；通过选用有助于社会可持续发展的原料与工艺、持续优化生产工艺及操作方法、不断升级生产控制技术等手段，减少甚至消除生产加工过程的污染排放，保障生产安全，保护环境，并确保作业人员的职业健康等。

2. 企业文化

企业文化是一个企业的"灵魂"，是企业经营活动的"统帅"，经济全球化背景下的企业文化不仅是企业自身发展的动力，也是企业竞争的重要资本，在企业经营发展中具有无法替代的作用。

（1）基本概念　企业文化是由企业领导层（自觉或不自觉）提倡，企业在生产经营实践中逐步形成的，为全体员工所认同并遵守的，带有本组织特点的使命、愿景、宗旨、精神、价值观和经营理念，以及这些理念在生产经营实践、管理制度、员工行为方式与企业对外形象等方面的体现的总和。

（2）构成　企业文化主要包括物质文化、制度文化和精神文化。

精神文化是企业的"软文化"，包括各种行为规范、价值观念、企业的群体意识、职工素质和优良传统等，是企业文化的核心，也被称为企业精神

制度文化，包括领导体制、人际关系以及各项规章制度和纪律等

物质文化是企业的"硬文化"，包括厂容，厂貌，机械设备，产品造型、外观、质量等

（3）要素

① 企业环境　企业环境指企业的性质、企业的经营方向、外部环境、企业的社会形象、与外界的联系等方面。

② 价值观　价值观指企业内成员对某个事件或某种行为好与坏、善与恶、正确与错误、是否值得仿效的一致认识。价值观是企业文化的核心。

③ 领军人物　领军人物是企业文化的核心人物或企业文化的人格化。其作用是给企业中其他员工提供可供学习的榜样，对企业文化的形成和强化起着极为重要的作用。

④ 文化仪式　文化仪式包括企业内的各种表彰、奖励活动、聚会以及文娱活动等。通过一些生动活泼的活动宣传，体现企业的价值观，潜移默化，"寓教于乐"。

⑤ 文化网络　文化网络是非正式的信息传递渠道，主要传播文化信息。由某种非正式的组织和人群以及某种特定场合所组成，它所传递出的信息往往能反映出职工的愿望和心态。

（4）功能

① 导向功能　企业文化的导向功能是对企业的领导者和职工起引导作用。

例如：中国石化倡导的"发展企业、贡献国家、回报股东、服务社会、造福员工"；巴斯夫提出新口号"We create chemistry"（创造化学新作用）；杜邦公司弘扬的"通过化学用更好的产品来提高生活水平"。

② 约束功能　企业文化的约束功能主要是通过完善管理制度和道德规范来实现。

例如：岗位职责、职工行为规范、安全生产禁令等。

③ 凝聚功能　在企业中营造一种团结友爱、相互信任的和睦气氛，强化团体意识，使企业职工之间形成强大的凝聚力和向心力。

例如："激情成就梦想，团队铸就辉煌""凝聚团队梦，汇成公司梦"等。

④ 激励功能　企业精神和企业形象对企业职工有着极大的激励作用，特别是企业文化建设取得成功，在社会上产生影响时，企业职工会产生强烈的荣誉感和自豪感，他们会加倍努力，用自己的实际行动去维护企业的荣誉和形象。

例如：先进生产者表彰大会；"合理化建议你我谈"等。

⑤ 调适功能　调适即调整和适应。通过自我调节和适应企业内外之间存在的一些不协调与不适应，探讨解决矛盾的措施与方法。

例如：员工心理援助项目（employee assistance program，EAP）；班组民主生活会等。

⑥ 辐射功能　企业文化关系到企业的公众形象、公众态度、公众舆论和品牌美誉度。企业文化不仅在企业内部发挥作用，对企业员工产生影响，它也能通过传播媒体、公共关系活动等各种渠道对社会产生影响，向社会辐射。

想一想

企业文化对企业的生存和发展有着不可替代的重要作用,它渗透于企业的各个领域和全部时空,是企业生存和发展的灵魂和动力。纵观世界500强企业,哪一家没有优秀、独特的企业文化?试说出你喜欢的化工企业的文化。

巩固练习

1. 什么是"化工"?请谈谈你对化工行业的认识。
2. 请举例谈谈化学工业在社会发展中的地位与作用。
3. 请举例说明现代化学工业的特点。
4. 我国的化学工业发展趋势主要表现在哪些方面?请就其中一方面具体展开谈一谈。
5. 你认为一个优秀的企业有哪些值得学习的方面?
6. 企业文化的功能是什么?请举例谈谈你欣赏的一些企业文化。
7. 请结合化工行业的发展,谈谈你所期望加入的化工企业。为什么?

任务二 职业生涯规划

任务描述

小王在初步了解化学工业与化工生产的基础上，确立了自己的职业目标：毕业后要成为一名化工操作员。他暗下决心，努力学习化工生产知识，了解化工职业特点，做好适应化工行业要求且与个人发展匹配的职业生涯规划，为实现职业理想奠定基础。

学习目标

能概述职业生涯的特点，了解职业生涯规划的重要性。

熟悉职业生涯规划的步骤，能初步撰写适应化工行业要求且与个人发展匹配的职业规划。

具备认识自我、分析行业、规划职业的基本素养。

感受劳模精神、劳动精神、工匠精神，具备正确的职业理想信念。

一位记者到建筑工地采访，分别问三个建筑工人一个相同的问题："你们在干什么活？"第一个人没有好气地说："没看见吗？砌墙。"

第二个人抬头笑了笑，说："我们在盖一幢高楼。"

第三个人边干边哼着歌曲，笑容灿烂且开心地说："我们正在建设一个新城市。"

10年后，记者又碰到了这三个工人，结果令他大吃一惊。当年第一个人在另一个工地上砌墙；而在施工现场拿着图纸的设计师，竟然是当年的第二个工人；至于第三个工人，他现在成了一家房产公司的老板，前两个工人正在为他工作。

一、职业生涯

职业生涯是一个人一生所有与职业相连的行为与活动以及相关的态度、价值观、愿望等连续性经历的过程，也是一个人一生中职业、职位变迁及职业目标实现的过程。

加油站

《中华人民共和国职业分类大典》（2022年版）（简称大典）紧扣时代脉搏，历经约两年精心修订。它涵盖8个大类、79个中类、449个小类、1639个职业。

为契合国家重点战略，大典中新增了众多数字职业和绿色职业，分别标注了97个和134个，反映了数字经济和绿色产业带来的职业变化。

同时，大典还对分类体系和职业信息描述做了修订，对经济社会各领域具有重要价值，在劳动力预测、规划、就业指导等工作中发挥基础性和导向性作用。

职业生涯有一定的特点，人们只有充分认识到它的特性并利用遇到的机会，才能最大限度地获得成功与满足。职业生涯的主要特点有：

1. 发展性

每个人的职业生涯，都在不断发展、变化。但有人发展速度快，有人发展速度慢；有人发展顺利，有人屡经挫折……只有那些有明确的发展目标、具体的发展措施，并付出实实在在努力的人，才能取得职业的成功。

2. 阶段性

职业生涯分为不同的阶段，每一个阶段都是前一个阶段的延续，同时也都为后一个阶段做铺垫，对即将迈入职业生涯的年轻人来说，积极为职业生涯做好准备，必然有利于以后各个阶段的发展。

3. 整合性

职业生涯的成功与否，既决定了一个人的生活状况和对社会贡献的大小，也与其个人成长、自我实现密切相关。职业生涯影响人生发展的各个方面。

4. 终身性

职业生涯虽只是人生的一个阶段，但会影响甚至决定人的一生。成功的职业生涯能给人以自信与快乐，能给人一个幸福而满足的晚年，这些在很大程度上取决于职业准备阶段的努力。

5. 独特性

每个人的职业生涯各不相同，即使从事相同的职业、具有相同发展轨迹的人，由于个人条件、所处环境、理想以及付出的努力不同，也有着自己独特的经历。

6. 互动性

职业生涯是个人与他人、个人与环境、个人与社会互动的结果。不同的人在同样的外部环境和社会条件下，既会有成功，也会有失败。幸运之神更加眷顾追求职业生涯成功的有心人。

查一查先进工作者的事迹，归纳他们职业生涯的特点。

二、职业生涯规划

职业生涯规划是在了解自我的基础上，确定适合自己的职业方向和目标，并制订相应的计划，以避免盲目就业，降低就业失败的可能性，为个人的职业成功提供最有效率的途径。职业生涯规划是"圆梦"的计划，是个人对自己一生职业发展道路的设想和谋划，是对个人职业前途的展望，是实现职业理想的前提。

1. 职业生涯规划的重要性

（1）目标明确地发展自己　目标明确就能少走弯路，能更快地实现目标。只有在职业发展道路上目标明确并不断追求的人，才有可能成为成功者。

年轻人"有梦"，才能奋发向上、孜孜以求；目标明确地"追梦"，才能通过脚踏实地、勇往直前、拼搏实干去"圆梦"。

（2）扬长避短地发展自己　职业生涯规划的落脚点是扬长避短地发展自己。扬长即发现、培养、发挥自己的长处，避短即认识、发现自己的短处，并有意识地不断缩小自身条件与发展目标的差距。

发现自己的长处，可以提高自信心。有自信，才能大胆参加竞争，接受挑战，实现自己的职业理想。了解自己的短处，才能找到应该改进的问题，提高学习的针对性和实效性。

2. 规划职业生涯

职业生涯规划是在"衡外情，量己力"的情况下设计出合理且可行的职业生涯发展方案。

（1）主要步骤　规划职业生涯主要有以下六步：
① 自我认知：认识自己，了解自己，接纳自己。
② 认识客观环境。
③ 确立目标：确立短期、中期、长期目标。
④ 制订行动方案：制定实现职业生涯目标的行动方案。
⑤ 落实行动。
⑥ 评估与调整。

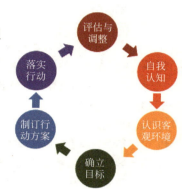

（2）主要方法　常用的一种方法就是运用5个"W"的思考模式，进行自我认知、客观环境认知、确定目标。具体如下：

① 自我认知

a."Who am I？""我是谁？"　要对自己进行一次深刻地反思，有一个比较清醒的认识，把自己的优点和缺点一一列出。

b."What will I do？""我想干什么？"　要对自己职业发展的心理趋向做检查。每个人在不同阶段的兴趣和目标并不完全一致，有时甚至是完全对立的。但随着年龄和经历的增长而逐渐固定，并最终锁定自己的终身理想。

c."What can I do？""我能干什么？"　要对自己的能力与潜力做全面总结，一个人职业的定位最根本的还要归结于他的能力，而他职业发展空间的大小则取决于自己的潜力。对于一个人的潜力应该从几个方面着手去认识，如对事的兴趣、做事的韧力、临事的判断力以及知识结构是否全面、是否及时更新等。

② 认识客观环境　"What does the situation allow me to do？""环境支持或允许我干什么？"

客观环境包括本地的各种状态，比如经济发展、人事政策、企业制度、职业空间等。在做职业选择时，要将客观环境与人的主观条件两方面的因素综合起来看，将一切有利于自身发展的因素调动起来。

③ 确立目标　"What is the plan of my career and life？""我的职业和生活规划是什么？"

从前四个问题中找到对实现有关职业目标有利和不利的条件，列出不利条件最少的、自己想做而且又可能达到的职业目标，确立合理的短期、中期、长期目标。

④ 制订行动方案　明确目标后，要制定行动方案，建立形成个人发展计划书档案。通过系统的学习、培训，实现就业理想目标：选择一个什么样的单位，预测自我在单位内的职务提升步骤，个人如何从低到高逐级而上。

例如从初级化工操作员做起，在此基础上努力熟悉业务领域、提高能力，最终达到高级技师的理想生涯目标；预测工作范围的变化情况，不同工作对自己的要求及应对措施；预测可能出现的竞争，学习与人相处和应对工作环境变化的方法，分析自我提高的可靠途径。

⑤ 落实行动　制订好一系列的职业发展规划后，就要去积极将之落实。按照计划，一步一个脚印地付诸行动。没有行动，再好的规划也只是一纸空文。

⑥ 评估与调整　职场上常说，计划赶不上变化。必须根据个人需要和现实的变化，不断对职业发展目标与计划进行评估与调整。调整内容包括：职业技能的补充和完善、职业的重新选择、职业生涯路径的重新选择、职业发展措施与计划的变更等。

案例赏析

岗位成才的技术大拿，一线工作的巾帼英雄

张恒珍，毕业于兰州化工学校，是茂名石化乙烯装置技能大师，现任化工分部裂解车间班长。

这样一位只有中专学历的普通女技工是怎样成长为"一锤定音"、破解技术难题的操作大师的呢？张恒珍坚信：勤能补拙，机会只留给有准备的人！她坚持25年如一日坚守在生产一线，保持着40多万次操作零差错记录，用精益求精铸就"工匠精神"。在国家重点工程茂名乙烯建设中发挥了突出作用，茂名乙烯裂解装置具有技术新、设备新、工艺复杂等特点，张恒珍深知，想要驾驭这套装置，就得勤思苦学。她先后参与完成裂解装置重大科技攻关项目20多项，提出并参与解决了瓶颈问题136项，创造效益超2亿元，为茂名乙烯装置长周期运行和创造多项国内纪录、能效领跑行业作出了突出贡献，成了茂名石化乙烯工程的得力女干将、全国首座百万吨级乙烯生产基地的巾帼功臣。

张恒珍爱岗敬业，是职工群众公认的"德技双馨"的典范。先后获得过"全国技术能手""全国五一劳动奖章""全国优秀共产党员""中国好人""中华技能大奖"等荣誉，当选为党的十八大、十九大代表，全国政协委员，享受国务院政府特殊津贴。

加油站

技能改变人生

精度0.003mm的航空零件，凭一把锉刀锉削出来；时速达350km的"复兴号"，离不开"一枪三焊"的独门绝技……千金在手不如一技傍身。如今的技能人才只要奋斗实干，拧螺丝可以"拧"成全国劳模，操控机床也能享受国务院特殊津贴，甚至可以身披国旗走上国际大赛的领奖台，成就技能改变人生！

从中国高铁走出国门，到港珠澳大桥飞架三地；从"奋斗者"号探深海，到"天和"核心舱入九天……这些都是技能人才、能工巧匠、大国工匠用沉潜匠心与精湛技能让"中国制造""中国建造"震撼世界，并向"中国智造""中国创造"不断挺进！奋斗"十四五"，新时代的技能工作者不满足于"熟能生巧"，还将成为新兴技术、新兴产业的推动者，不断打磨精湛技艺，提升技能本领，在创新创造中攀登技能高峰。

伟大事业始于梦想，基于创新，成于实干。年轻人要增强锐意创新的勇气、敢为人先的锐气、蓬勃向上的朝气，争做建新功、立伟业的主力军，本领高、能力强的奋斗者。

学习活动

职业生涯规划制订

根据自身实际，按步骤制订适合个人发展的职业生涯规划。

- 自我认知

我的优、缺点：_____

我想做什么：_____

我能干什么：_____

- 认识客观环境

我目前所处的客观环境分析：_____

_____

- 确立目标

我的短期目标：_____

我的中期目标：_____

我的长期目标：_____

- 制订行动方案

我的行动方案：_____

_____

_____

_____

_____

- 落实行动

落实步骤：_____

_____

_____

- 评估与调整

方案的可行性：_____

_____

可能需要作出以下调整：_____

_____

_____

巩固练习

1. 什么是职业生涯？你对未来的职业有什么期待？
2. 请结合自身实际，谈一谈职业生涯规划对于个人发展的重要性。
3. 初步规划职业生涯，分析自身的优势与不足之处，明确努力方向。
4. 什么是工匠精神？请谈谈你对工匠精神的理解。
5. 查阅化工行业"大国工匠"的相关事迹，谈谈心得体会。

文本文件资源

教学视频动画资源

学习情境二
入职体检

情境描述

小王顺利通过了巴斯创公司的笔试和面试，进入入职体检环节。他发现入职体检与普通体检有所不同，一些体检项目和评价指标都与化工行业工作场所有关。他认真了解了职业禁忌，学习了《中华人民共和国职业病防治法》，以便在今后的工作中提高自我防护的意识，维护自身职业健康的权益。

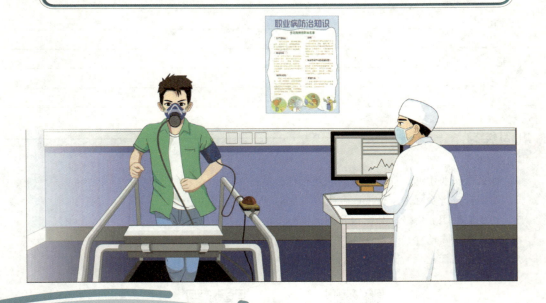

任务一　职业禁忌与职业病认知

任务描述

入职体检可以避免具有职业禁忌的人员从事可能危害自身或他人健康的职业。入职后的从业人员也需加强职业病防范，以免职业病影响劳动者身心健康。小王了解了职业禁忌与职业病基本知识后，还认真学习了《中华人民共和国职业病防治法》相关知识，以便在今后的工作中保障身体健康及维护自身权益。

学习目标

了解职业禁忌和职业病基本知识。

了解职业病防治法相关条款，知晓用人单位职业病管理措施及劳动者享有的权利。

能概述化工行业常见职业病的种类与危害。

重视职业病危害，具备自我保护和维权意识。

《中华人民共和国职业病防治法》简称《职业病防治法》规定，对从事接触职业病危害作业的劳动者，用人单位应当按照国务院卫生行政部门的规定组织职业健康检查，健康检查主要包括岗前健康检查、在岗期间健康检查、离岗健康检查。新入职员工上岗前的健康检查，检查项目应能排除职业禁忌证，确定受检者是否可以从事岗位作业。入职体检既是对员工的保护，也是对企业的保护。

一、职业禁忌

1. 职业禁忌的定义

职业禁忌是指劳动者从事特定职业或者接触特定职业病危害因素时，比一般职业人群更易于遭受职业病危害和罹患职业病或者可能导致原有自身疾病病情加重，或者在从事作业过程中诱发可能导致对他人生命健康构成危险的疾病的个人特殊生理或者病理状态。

2. 常见的职业禁忌

体检中筛查出职业禁忌证人员，并为其建立健康档案，为就业后定期体检追踪观察或确诊职业病留下健康状况的基础材料。化工生产作业场所常见危害因素、职业禁忌与对应体检项目如表2-1所示。

表2-1　作业场所危害因素、职业禁忌与对应体检项目

作业场所/危害因素		职业禁忌	对应体检项目
粉尘		活动性肺结核病 慢性阻塞性肺病 慢性间质性肺病 伴有肺功能损害的疾病	血常规、尿常规、ECG、ALT 胸片、肺功能
有害化学因素 （工业毒物）	甲醇	视网膜及视神经疾病	血常规、尿常规、ECG、ALT

续表

作业场所/危害因素		职业禁忌	对应体检项目
有害化学因素（工业毒物）	氯气	慢性阻塞性肺病 支气管哮喘 支气管扩张、慢性间质性肺病	血常规、尿常规、ECG、ALT胸片、肺功能
	二氧化硫	慢性阻塞性肺病 支气管哮喘 支气管扩张、慢性间质性肺病	血常规、尿常规、ECG、ALT胸片、肺功能
	氨	慢性阻塞性肺病 支气管哮喘 支气管扩张、慢性间质性肺病	血常规、尿常规、ECG、ALT胸片、肺功能
	一氧化碳	中枢神经系统器质性疾病 心肌病	血常规、尿常规、ECG
有害物理因素	噪声	各种原因引起永久性感音神经性听力损失 中度以上传导性耳聋 双耳高频、平均听阈≥40dB 2级和3级高血压 器质性心脏病	纯音听阈测试、ECG、血常规、尿常规、ALT
	高温	2级和3级高血压 肾功能不全、肾脏疾病 中枢神经系统器质性疾病 癫痫 冠心病、心绞痛 既往中暑病史	血常规、尿常规、ECG、ALT肾功能、胸片
特殊作业	高处作业	高血压 恐高症 癫痫、晕厥病、梅尼埃病 心脏病及心电图明显异常（心律失常） 四肢骨关节及运动功能障碍	血常规、尿常规、ECG、ALT、脑电图（有眩晕或晕厥史）
	压力容器作业	红绿色盲、2级与3级高血压、癫痫、晕厥病、双耳语言频段平均听力损失＞25dB、心脏病及心电图明显异常（心律失常）	血常规、尿常规、ALT、ECG、脑电图（有眩晕或晕厥史）
	视屏作业	腕管综合征、类风湿关节炎、颈椎病、矫正视力＜4.5	血常规、尿常规、ECG、颈椎正侧位X线、正中神经传导速度、类风湿因子

对于有职业禁忌证的从业人员，用人单位一般处理原则是调离工作岗位，安排合适工作；通过医疗保险、用人单位、个人三方面的配合，对有关疾病进行积极治疗。

二、职业病

职业病存在于职业活动中，客观认识职业病，了解相关法律法规，对保障身体健康及维护自身权益具有积极作用。

1. 职业病的定义

职业病是指企业、事业单位和个体经济组织等用人单位的劳动者在职业活动中，因接触粉尘、放射性物质和其他有毒、有害因素而引起的疾病。

2. 职业病的危害

在生产劳动中，接触有毒化学物质、粉尘、高低气压、

噪声、振动、X射线等，长期强迫体位操作、局部器官组织持续受压等，均可引起职业病。职业病会影响劳动者的健康，严重时还会造成劳动者残疾、劳动能力丧失甚至死亡等后果。

3. 职业病的分类

目前，我国《职业病分类和目录》中列出的法定职业病有：职业性尘肺病及其他呼吸系统疾病、职业性皮肤病、职业性化学中毒、职业性肿瘤等12类135种，详见表2-2。

表2-2 职业病十大类

序号	职业病种类	疾病名称
1	职业性尘肺及其他呼吸系统疾病	矽肺、电焊工尘肺等
2	职业性皮肤病	接触性皮炎、黑变病、化学性皮肤灼伤等
3	职业性眼病	电光性眼炎等
4	职业性耳鼻喉口腔疾病	噪声聋、铬鼻病等
5	职业性化学中毒	铅及其化合物中毒、一氧化碳中毒等
6	物理因素所致职业病	中暑、冻伤、手臂振动病等
7	职业性放射性疾病	外照射急性放射病等
8	职业性传染病	炭疽、森林脑炎等
9	职业性肿瘤	石棉所致肺癌、间皮瘤等
10	职业性肌肉骨骼疾病	腕管综合征、滑囊炎等
11	创伤后应激障碍	
12	其他职业病	金属烟热等

三、职业病防治法

《职业病防治法》包括总则、前期预防、劳动过程中的防护与管理、职业病诊断与职业病病人保障、监督检查、法律责任、附则共七章。该法适用于中华人民共和国范围内的职业病防治活动。

1. 立法目的与依据

《职业病防治法》是为了预防、控制和消除职业病危害，防治职业病，保护劳动者健康及其相关权益，促进经济社会发展，根据宪法而制定。

2. 用人单位管理措施

《职业病防治法》中对于用人单位管理措施有具体的要求，相关单位必须要严格履行职责。

（1）制度建设　用人单位应当建立、健全职业病防治责任制，加强对职业病防治的管理，提高职业病防治水平。主要包括：

① 制定职业病防治计划和实施方案。

② 建立、健全职业卫生管理制度和操作规程。

③ 建立、健全职业卫生档案和劳动者健康监护档案。

④ 建立、健全工作场所职业病危害因素监测及评价制度。

⑤ 建立、健全职业病危害事故应急救援预案。

（2）防护设施及防护用品配置　用人单位应提供符合防治职业病要求的职业病防护设施和个人使用的职业病防护用品，改善工作条件。

(3）职业病危害告知　用人单位与劳动者订立劳动合同时，应当将工作过程中可能产生的职业病危害及其后果、职业病防护措施和待遇等如实告知劳动者，并在劳动合同中写明，不得隐瞒或者欺骗。

劳动者在已订立劳动合同期间因工作岗位或者工作内容变更，从事与所订立劳动合同中未告知的存在职业病危害的作业时，用人单位应当依照规定，向劳动者履行如实告知的义务，并协商变更原劳动合同相关条款。

用人单位违反上述规定时，劳动者有权拒绝从事存在职业病危害的作业，用人单位不得因此解除与劳动者所订立的劳动合同。

（4）工作场所职业危害告知和警示标志设置　用人单位应当在醒目位置设置公告栏，公布有关职业病防治的规章制度、操作规程、职业病危害事故应急救援措施和工作场所职业病危害因素检测结果。产生严重职业病危害的作业岗位，应当在醒目位置，设置警示标识和中文警示说明，如职业危害告知卡。警示说明应当阐明产生职业病危害的种类、后果、预防以及应急救治措施等内容。

（5）防护设施配备　对可能发生急性职业损伤的有毒、有害工作场所，用人单位应当设置报警装置，配置现场急救用品、冲洗设备、应急撤离通道和必要的泄险区。

3. 劳动者享有的权利

《职业病防治法》是以保护劳动者的根本利益为基本出发点，在劳动者最需要保护的职业活动中，对劳动者最关心的切身利益提供法律上的保障。劳动者依法享有职业卫生保护权利，有知情权、批评检举控告权、参与管理建议权、拒绝违章权、防护权、检查康复权、培训教育权等，如图2-1所示。

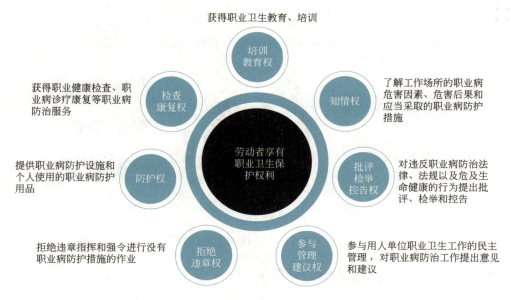

图2-1 劳动者享有的职业卫生保护权利

用人单位应当保障劳动者行使这些权利。因劳动者依法行使正当权利而降低其工资、福利等待遇或者解除、终止与其订立的劳动合同的，其行为无效。

4. 职业健康监护相关规定

（1）职业健康体检　对从事接触职业病危害作业的劳动者，用人单位应按照相关规定组织上岗前、在岗期间和离岗时的职业健康检查，并将检查结果书面告知劳动者。职业健康体检的费用由用人单位承担。

用人单位不得安排未经上岗前职业健康检查的劳动者从事接触职业病危害的作业；不得安排有职业禁忌的劳动者从事其所禁忌的作业；对在职业健康检查中发现有与所从事职业相关的健康损害的劳动者，应当调离原工作岗位，并妥善安置；对未进行离岗前职业健康检查的劳动者不得解除或者终止与其订立的劳动合同。

（2）职业健康监护档案　用人单位应当为劳动者建立职业健康监护档案，并妥善保存。职业健康监护档案应当包括劳动者的职业史、职业病危害接触史、职业健康检查结果和职业病诊疗等有关个人健康的资料。劳动者离开用人单位时，有权索取本人职业健康监护档案复印件，用人单位应该如实、无偿提供，并在所提供的复印件上签章。

（3）特殊人群保护　用人单位不得安排未成年工从事接触职业病危害的作业；不得安排孕期、哺乳期的女职工从事对本人和胎儿、婴儿有危害的作业。

（4）职业病诊断　劳动者可以在用人单位所在地、本人户籍所在地或者经常居住地依法承担职业病诊断的医疗卫生机构进行职业病诊断，诊断程序见图2-2。

（5）疑似职业病病人和职业病病人保障　疑似职业病病人在诊断或者医学观察期间，用人单位不得解除或者终止与其订立的劳动合同，在此期间产生的费用，由用人单位承担。

职业病病人的诊疗、康复费用，伤残以及丧失劳动能力的职业病病人的劳动保障，按照国家有关工伤保险的规定执行。此外，依照有关民事法律，尚有获得赔偿权利的，职业病人有权向用人单位提出赔偿要求。

图2-2 职业病诊断程序

四、化工行业常见职业病的类型及危害

在化工生产中，劳动者因接触粉尘、有毒物质；身处高温、噪声工作环境等原因，可能导致职业病发生，对健康造成伤害。因此，化工企业要特别注重对劳动者的职业病防治工作，增强劳动者对职业病的认识和了解，尽可能避免职业病的发生，最大程度减轻职业病对人体的危害。化工行业常见的职业病有尘肺病、噪声聋、中暑、中毒等。

1. 肺尘埃沉着病

肺尘埃沉着病（简称尘肺病）是由于在职业活动中长期吸入生产性粉尘，并在肺内潴留而引起的以肺组织弥漫性纤维化为主的全身性疾病。

尘肺会引起肺的正常结构出现变化，损害肺的功能，影响人体正常的呼吸功能。如果不能早发现早治疗，随着病情发展，肺功能损害逐渐加重，病人的活动和生活能力愈来愈差，常反复发生呼吸道或肺的感染，最终导致呼吸功能衰竭。

2. 噪声聋

噪声聋是指人们在工作过程中长期接触生产性噪声而发生的一种进行性感音性听觉障碍。

劳动者长期接触强噪声，听力会明显下降，离开噪声环境短时间内听力不能恢复；如果再继续接触噪声，内耳感觉器官便会产生退行性病变，出现再难恢复的听觉疲乏；非常严重时，有可能导致永久性耳聋，劳动者的听力完全消失，变成残疾。

3. 中暑

中暑又称高温中暑，是在高温作业环境中，由于热平衡和（或）水盐代谢紊乱而引起的以中枢神经和（或）心血管障碍为主要表现的急性疾病。

轻度中暑会导致疲惫、虚弱、食欲不振、头疼、恶心等身体不适；重度中暑则可能会引起脏器损害甚至危及生命。

4. 中毒

中毒又称职业性中毒，是指人们在生产劳动中使用或接触有毒物质时，由于防护不够，使一定量的毒物经呼吸道、皮肤或消化道进入人体，引起器官或组织病变，重者可危及生命。

毒物进入体内，会对呼吸系统、循环系统、造血系统、消化系统、神经系统造成不同的影响，严重时可致死亡。

拓展阅读
1. 《职业病分类和目录》（2024年版）；
2. 《中华人民共和国职业病防治法》（2018年版）。

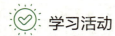
学习活动

职业病案例分析

分析案例，回答下列问题。

一名新进厂的员工，被分配到了噪声较大的车间工作，相关部门没有给他配备任何护耳器具。刚开始时，这名新员工感到很不舒服，车间里的噪声震耳欲聋，让他头昏脑涨，心烦意乱。几个月后，这名员工适应了车间的工作环境，对噪声能做到充耳不闻，那些让他感觉不适的症状也都消失了。但是在安静环境下，他却听不见蚊子飞过"嗡嗡"的声音了。

（1）在本案例中，该员工发生了什么事情？
_____
_____

（2）该企业是否违反了《职业病防治法》中的相关规定？企业怎样做才能符合国家法律法规的要求？
_____
_____

（3）该员工通过法律途径，可以获得哪些权益？
_____
_____

巩固练习

1. 什么是职业病？请谈谈你对职业病的认识。
2. 根据《职业病防治法》的规定，用人单位在职业病防治工作中需严格履行哪些职责？
3. 小李在工作过程中发现用人单位没有为他和同事们提供岗位相应的职业病防护设施和劳动防护用品，他拒绝执行工作任务，并向相关部门反映了这一情况。用人单位因其行为，解除了与小李订立的劳动合同。请问，该企业违反了《职业病防治法》中的哪些规定？小李可以通过法律途径获得哪些权益？
4. 老张经职业病诊断鉴定为尘肺病，但是他的工作单位没有依法参加工伤保险，他的医疗和生活保障该由谁承担？若此时他的工作单位已经倒闭，工作单位不存在了，他应该怎么办？
5. 什么是尘肺病？尘肺病会对人体造成哪些危害？
6. 什么是噪声聋？噪声聋会对人体造成哪些危害？
7. 什么是中暑？中暑会对人体造成哪些危害？
8. 什么是中毒？中毒会对人体造成哪些危害？
9. 请结合具体内容，谈一谈《职业病防治法》对于广大劳动者的意义。

任务二 化工职业病危害预防

任务描述

化工生产过程中存有一些特别的职业病危害因素，如粉尘、噪声、高温、工业毒物、辐射等，严重危害人体健康，小王需要学会识别这些职业病危害因素，知晓相应的防护措施，确保在今后工作中做好正确防护，维护自身健康，避免职业伤害。

学习目标

知晓职业病危害因素，了解来源分类。
能列举化工生产中常见职业病危害因素，概述来源及危害。
能识别化工生产中的职业病危害因素，并会采取相应防护措施。
重视化工职业病危害预防，具有维护自身安全的主动意识。

职业病危害因素是生产过程中客观存在的因素，作为化工从业人员，要学会识别职业病危害因素，并能够采取正确措施来预防职业病发生。

一、职业病危害因素

1. 定义

职业病危害因素是指在职业活动中产生和（或）存在的、可能对职业人群健康、安全和作业能力造成不良影响的因素或条件。

2. 分类

常见的职业危害因素分类方法有两种，一是按照危害因素产生的来源来分，二是根据《职业病危害因素分类目录》来分。

（1）按照危害因素产生的来源分类的有害因素　按照来源，可分为生产工艺过程中的有害因素、劳动过程中的有害因素和生产环境中的有害因素三大类。

① 生产工艺过程中的有害因素

化学因素
- 生产过程中的许多化学物质和生产性粉尘。如有机溶剂类(苯、甲苯、二甲苯)；有毒气体(一氧化碳、氰化物、氮氧化物、氯气、硫化氢气体、光气、二氧化硫)；有机磷农药；矽尘、石棉尘、水泥尘等。

物理因素
- 异常气象条件、异常气压、噪声、振动、非电离辐射、电离辐射等。

生物因素
- 如炭疽杆菌、布氏杆菌、森林脑炎病毒等传染性病原体。

② 劳动过程中的有害因素　劳动过程中的有害因素主要包括劳动组织和劳动过程不合理、劳动强度过大、过度精神或心理紧张、劳动时个别器官或系统过度紧张、长时间不良体位、劳动工

具不合理等。

③ 生产环境中的有害因素　生产环境中的有害因素主要包括自然环境因素、厂房建筑或布局不合理、来自其他生产过程散发的有害因素所造成的生产环境污染。

（2）根据《职业病危害因素分类目录》分类的有害因素　按照《职业病危害因素分类目录》可分为粉尘、化学因素、物理因素、放射因素、生物因素和其他因素六大类，见图2-3。

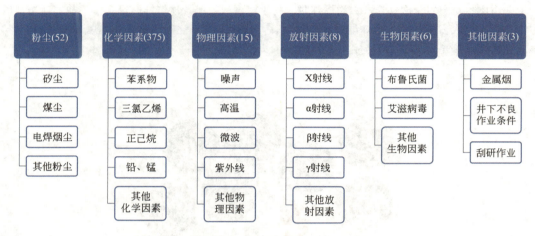

图2-3　《职业病危害因素分类目录》分类

二、化工常见职业病危害因素及其防护

在化工生产过程中，劳动者会接触到粉尘、工业噪声、高温、工业毒物、辐射等常见职业病危害因素，这些因素可能会导致劳动者罹患职业病。因此，了解常见职业病危害因素，对职业病预防有重要意义。

1. 粉尘

（1）来源

① 固体物料的机械粉碎和研磨，如聚合物粒子生产过程中的切粒工序。
② 粉状物料的混合、筛分、包装及运输，如水泥的生产和运输过程。
③ 物质的燃烧，如煤燃烧时产生的烟尘。
④ 物质被加热时产生的蒸气在空气中氧化和凝结，如矿石烧结、金属冶炼等过程中产生的锌蒸气，会凝结氧化成固体。

在我们的生活中存在哪些粉尘？它们是如何产生的？

（2）危害

① 有毒粉尘导致劳动者中毒甚至死亡　有毒的金属粉尘（如铬、锰、镉、铅、汞等）和非金属粉尘（如砷）进入人体后，会引起中毒甚至死亡。吸入铬尘会引起鼻中隔溃疡和穿孔，使肺癌发病率提高；吸入锰尘会引起中毒性肺炎；吸入镉尘会引起肺气肿和骨质软化等。

② 无毒性粉尘导致尘肺或矽肺　长期吸入一定量的粉尘，粉尘在肺内逐渐沉积，使肺部产生进行性、弥漫性的纤维组织增多，出现呼吸机能疾病，称为尘肺；吸入一定量的二氧化硅粉尘，

使肺组织硬化，发生矽肺。在粉尘引起的职业病中，以尘肺最为严重。

③ 粉尘影响空气环境　全国近年来由于粉尘的积累和变化，城市上空能见度普遍下降，以二氧化硫烟气为主的有毒粉尘是影响空气环境的主要因素。

④ 粉尘爆炸　可燃粉尘在受限空间内与空气混合形成的粉尘云，在点火源作用下，形成的粉尘空气混合物快速燃烧，并引起温度、压力急骤升高，即为粉尘爆炸。粉尘爆炸具有极强的破坏性，且涉及的范围很广，煤炭、化工、医药加工、木材加工、粮食和饲料加工等行业都时有发生；粉尘爆炸还容易产生二次爆炸，二次爆炸时，粉尘浓度一般比一次爆炸时高得多，故二次爆炸威力比第一次要大得多；粉尘爆炸能产生有毒气体，一种是一氧化碳，另一种是爆炸物（如塑料）自身分解的有毒气体，毒气可造成人员中毒伤亡。

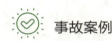

事故案例

"8.2"昆山中荣特别重大铝粉尘爆炸事故

江苏省昆山市中荣金属制品有限公司主要从事铝合金表面处理，表面镀层有铜镍铬，对高低档的铝合金制品均可以进行电镀加工。2014年8月2日上午7时37分许，该公司汽车轮毂抛光车间在生产过程中发生爆炸，当时在车间上班的员工261人。爆炸发生后，当场确认死亡44人，随后在前往医院救治途中和在抢救过程中死亡24人，截至8月4日，爆炸共造成75人死亡，185人受伤。

事故警示：掌握粉尘爆炸产生的原因，进行有效的条件阻断，才能预防和避免粉尘爆炸事故的发生。

查阅《江苏省苏州昆山市中荣金属制品有限公司"8.2"特别重大爆炸事故调查报告》。

粉尘爆炸产生的条件是什么？应该如何预防和避免？

（3）防护措施　防治粉尘危害主要在于治理不符合防尘要求的产尘作业和操作，目的是消灭和减少粉尘的产生、逸散，以及尽可能降低作业环境中的粉尘浓度。

① 技术措施控制

② 个人防护　使用劳动防护用品，如防尘口罩、防尘衣帽、防尘眼镜、防尘鞋等；加强营养，锻炼身体，强健体魄。

③ 健康监护　开展健康监护、就业前体检、定期体检、脱离粉尘工作时体检等。

2. 工业噪声

工业噪声是指机械设备运转时产生的噪声。在现代工业企业中，凡噪声超过标准规定的生产车间和作业场所，必须采取控制措施，限期达到规定标准要求。

噪声的大小称为噪声强度或噪声音量，用"分贝（dB）"表示，噪声强度分类见表2-3。

表2-3　噪声强度分类

噪声强度 /dB	人体感受或对身体的影响
10～20	很静，几乎感觉不到
20～40	安静，犹如轻声细语
40～60	一般，普通室内谈话
60～70	吵闹，有损神经
70～90	很吵，神经细胞受到破坏
90～100	吵闹加剧，听力受损
100～120	难以忍受，几分钟即可暂时致聋

根据规定，工业企业的生产车间和作业场所的噪声允许值为85dB。表示工人在噪声环境中每天工作8h，容许的连续噪声强度为85dB。时间每减少一半，声级可提高3dB，见表2-4。任何情况下，作业场所的噪声最高不允许超过115dB。

表2-4　噪声环境中每日的最长时间

噪声强度 /dB	85	88	91	94	97	100
每日最长时间 /h	8	4	2	1	0.5	0.25

（1）来源　在生产过程中，由于机器转动、气体排放、工件撞击、机械摩擦等产生噪声。按其噪声源特性可分为：空气动力噪声、机械噪声、电磁噪声三类。

（2）危害

① 听觉系统危害　暂时性听阈位移，如听觉适应、听觉疲劳；永久性听阈位移，如听力损伤、噪声性耳聋、爆炸性耳聋。

② 听觉外系统危害　神经系统危害，如头痛、注意力不集中、记忆力减退等；心血管系统危害，如血管痉挛、心率加快、血压升高等；肠胃功能紊乱，如食欲不振、肠蠕动减慢等。

（3）防护措施

① 技术措施控制

a. 消除、控制噪声源　采用无声或低声设备代替高噪声的设备；改进生产工艺；改变噪声源的运动方式，如用阻尼、隔振等措施降低固定发声体的振动，如图2-4（a）所示。

b. 控制噪声传播　在传声途径上降低噪声，控制噪声的传播，改变声源已经发出的噪声传播途径，可采用吸声、隔声、消声、减震的材料和装置，阻止噪声的传播，如图2-4（b）所示。

(a) 控制噪声源(机泵减震)　　(b) 控制噪声传播(机泵隔音房)

图2-4　噪声防护措施

② 个人防护　当对生产现场的噪声控制不理想或特殊情况下高噪声作业时，可采用防护耳塞、防护耳罩或头盔等劳动防护用品。正确使用护耳用品，可以降低噪声25～40dB，预防职业性耳聋。

③ 健康监护　对上岗前的职工进行体检，检查是否有职业禁忌证，如听觉系统疾患、中枢神经系统疾患、心血管系统疾患等；对在岗职工进行定期体检，及时发现听力损伤。

想一想

降低工业噪声危害，最有效、最经济的措施是什么？

3. 高温

（1）来源　生产过程放热，散热不及时或夏季高温天气等因素导致环境温度过高。

（2）危害

① 水盐代谢紊乱　大量排汗导致水盐代谢紊乱，易发生热痉挛。

② 人体系统危害

a. 循环系统　循环系统处于高度应激状态，心脏负荷大增。如果劳动者在劳动时已达最高心率，机体蓄热又不断增加，心输出量则不可能再增加来维持血压和肌肉灌流，可能导致热衰竭。

b. 消化系统　食欲减退和消化不良，胃肠道疾患增多。

c. 神经系统　中枢神经系统抑制，肌肉活动能力减弱，动作准确性降低。

d. 泌尿系统　大量排汗，肾血流量和肾小球滤过率下降，血液浓缩致肾负荷加重，导致肾功能不全等。

（3）防护措施

① 技术措施控制　合理设计工艺，疏散、隔离热源，通风降温等。

② 个人防护　合理饮水、饮食；穿着白色帆布工作服等。

③ 健康监护　医疗预防，如上岗前体检，入暑前体检，凡有心血管疾病、持久性高血压等的患者，均不宜从事高温作业。

④ 组织管理　严格执行高温作业卫生标准，合理安排作息，高温作业前进行热适应锻炼。

4. 工业毒物

物质进入机体，积累达到一定量后，机体组织发生生物化学或生物物理学变化，干扰或破坏机体的正常生理功能，引起暂时性或永久性的病理状态，甚至危及生命，该类物质称为毒物。工业生产过程中接触到的毒物称为工业毒物，其分类见图 2-5。

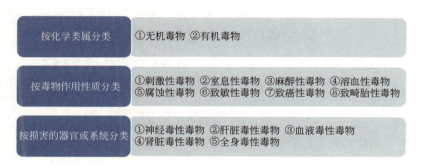

图 2-5　工业毒物的分类

（1）来源　工业生产过程中用到或产生的原料或辅料、中间体或单体、成品、废弃物等。

（2）危害　工业毒物进入人体的途径有呼吸道、皮肤和消化道，如图 2-6 所示。

毒物被人体吸收后，随血液循环（部分随淋巴液）分布到全身，当作用点达到一定浓度时可发生中毒。中毒可分为急性中毒、亚急性中毒和慢性中毒。

① 急性中毒　毒物一次短时间大量进入人体引起的中毒。

② 慢性中毒　小剂量毒物长期进入人体引起的中毒。

③ 亚急性中毒　介于急性中毒与慢性中毒之间的称为亚急性中毒。

图 2-6　毒物进入人体的途径

毒物作用于人体，会对人体的某些特定部位如消化系统、呼吸系统、神经系统、血液系统有毒害反应，还会造成眼睛损害、职业性肿瘤等严重后果，影响健康。

（3）防护措施

① 技术措施控制

a. 替代　选用无害或危害性小的化学品替代已有的有毒有害化学品，这是消除毒物危害最根本的方法。如用水基涂料替代有机溶剂基的涂料或黏合剂；涂料用的苯可用毒性小于苯的甲苯替代等。

b. 变更工艺　减少或消除生产过程中生成有毒物质。

c. 隔离　将化学品用设备完全封闭起来，使劳动者在操作中不接触化学品。

d. 通风　通风分为自然通风和机械通风两种。自然通风指依靠室内外空气所产生的热压和风压作用而进行，机械通风指依靠风机作用而进行。机械通风又分为局部通风和全面通风。局部通风范围限于个别地点或局部区域；全面通风对整个房间进行通风换气，用新鲜空气把整个房间的有害物浓度冲淡到最高允许浓度以下，或改变房间内的温度、湿度。机械通风示意图见图 2-7。

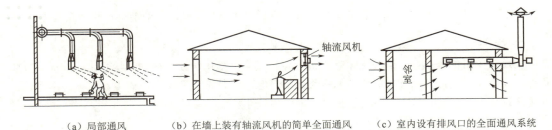

(a) 局部通风　　(b) 在墙上装有轴流风机的简单全面通风　　(c) 室内设有排风口的全面通风系统

图2-7　机械通风示意图

e. 净化回收　通过燃烧、冷凝、吸收、吸附等方法将毒物净化后安全回收利用。

② 个人防护　在作业时，按需穿着工作服或防护服、工作鞋或防护靴，正确佩戴呼吸防护用品、防护手套，做好个人防护，避免毒物伤害人体。

③ 管理控制　通过登记注册、安全教育、使用安全标签和安全技术说明书等手段对化学品实行全过程管理，以杜绝或减少事故的发生。

5. 辐射

辐射指的是由场源发出的电磁能量中一部分脱离场源向远处传播，而后不再返回场源的现象，能量以电磁波或粒子（如α粒子、β粒子等）的形式向外扩散。按照辐射作用于物质时所产生的效应不同，辐射可分为电离辐射与非电离辐射两类，对人体危害较大的是电离辐射。

（1）来源

① 天然辐射　是指人类生活环境中天然存在的辐射，包括宇宙射线、来自放射性物质的辐射、人体内的辐射线等。

② 人造辐射　是指人类生活、生产的环境产生的辐射，包括家电辐射、医疗上的放射线、工业使用放射源等。化工生产中的放射源包括用于检测物位的射线料位计、用于检测焊缝缺陷的射线探伤等。

（2）电离辐射危害　由于电离辐射会使物质电离，因而会破坏生物组织细胞的原子、分子结构。大剂量电离辐射对生物体会造成危害。

① 诱发癌症：诱发癌症并加速人体内癌细胞的增殖。

② 影响人类的生殖系统：可能会导致男子精子质量降低、孕妇流产和胎儿畸形等。

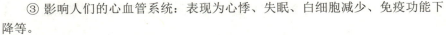

③ 影响人们的心血管系统：表现为心悸、失眠、白细胞减少、免疫功能下降等。

④ 影响视觉系统：对人们的视觉系统有不良影响，会引起视力下降、白内障等。

⑤ 诱发儿童白血病。

⑥ 导致儿童智力障碍。

（3）防护措施

① 技术措施控制

a. 屏蔽法　将电磁能量限制在规定的空间内，防止其扩散。利用金属板或金属网等良性导体，或导电性良好的非金属形成屏蔽体，使辐射电磁波引起电磁感应，通过接地线导入大地，可实现电

铜网电磁屏蔽室

磁屏蔽；利用电导率高的材料，如铜或铝，封闭磁力线，可实现磁场屏蔽。

b. 远距离控制或自动化作业　根据电磁场场强随距离的增加迅速减弱的原理，进行工艺改革，实行远距离控制或自动化作业。

c. 吸收法　在场源周围设橡胶、塑料、陶瓷、石墨等吸收材料（这些材料的吸收率均达80%以上），将泄漏的电磁能量吸收并转化为热能。

② 个人防护　在高频或大功率设备附近岗位的操作人员，在某些条件受限制，不能采用屏蔽的情况下，必须穿戴专门配备的防护服、防护眼镜和防护头盔等防护用品。

《职业病危害因素分类目录》（国卫疾控发〔2015〕92号）。

学习活动

职业病危害因素分析

请查询光气和双酚A安全技术说明书，并根据下列场景描述，完成下表。

小李是一名聚碳酸酯工厂的外操工，该聚碳酸酯工厂的工艺是使用光气、双酚A生产聚碳酸酯。小李现在要去现场做日常巡检，他在厂区内可能会接触到的化学品有萘烷、双酚A、氢氧化钠、液氨、一氧化碳、氯气、光气等；需要巡检的生产楼内的氨压缩机区域以及精馏段风扇区域声音超过85dB；在热油房内以及光气房内的环境温度超过40℃；在成品聚碳酸酯料仓区域和双酚A原料区域有较多粉尘。

不过小李知道，只要熟知并严格遵守工厂内的操作规程，凡事及时汇报，穿戴正确的劳动防护用品，他就能安全地完成工作。

序号	职业病危害因素	来源	可能产生的危害	防护措施

巩固练习

1. 概述化工常见职业病危害因素产生的来源。

2. 在矿石粉碎作业环境中，存在哪些职业病危害因素？长期在该工作环境下，可能会产生什么危害？劳动者需要做好哪些个人防护？

3. 在某化工企业聚乙烯的成品包装车间，一袋袋聚乙烯经过传送带从生产线出来，叉车工人在旁边不断地对包装好的聚乙烯进行堆放。车间内，各种声音混在一起，好不热闹！请问该工作环境中的职业病危害因素有哪些？长期在该工作环境下，可能会产生什么危害？劳动者需要做好哪些个人防护？

4. 高温的来源是什么？在高温环境工作可能会产生哪些危害？用人单位和劳动者应采取哪些防护措施？

5. 电镀工人在电镀前需要用三氯乙烯处理金属表面，请问该工作环境中的职业病危害因素有哪些？如果工人长期直接接触三氯乙烯，可能会产生什么危害？需要做好哪些个人防护？

6. 辐射的来源是什么？采用哪些技术措施可以控制和减少辐射危害？在高频或大功率设备附近岗位的操作人员需做好哪些防护措施？

文本文件资源

教学视频动画资源

学习情境三
劳动合同签订

情境描述

小王通过了体检并准备与公司签订劳动合同。联想到去年表姐公司发生的两场劳动合同纠纷,小王认识到劳动合同对于维护劳动者合法权益的重要性。小王礼貌地接过人力资源专员佳佳递来的劳动合同,认真研读各项条款,理清合同中关于工作内容、劳动报酬、劳动保护等方面的规定,经确认无异议后,郑重地在合同上填写了相关信息并签名。

任务一　劳动合同签订前须知

任务描述

签订劳动合同之前，小王需要了解劳动法、劳动合同法以及劳动合同法实施条例中的有关规定，同时，知晓与化工生产相关的法律法规，并能运用所学知识认真研读劳动合同中的工作内容、劳动报酬、劳动保护和劳动条件、劳动争议处理等各项条款。

> **学习目标**
>
> 了解化工行业相关法律法规。
> 概述劳动法中所包含的劳动者权利和义务。
> 依据劳动合同法以及实施条例有关规定，独立审核劳动合同中的重要条款。
> 具备自觉遵纪守法和自觉履约的意识。

化工行业具有易燃易爆、有毒有害、高温高压等特点，属于高危行业。为保障化工行业从业人员生命财产安全、保护生态环境，国家颁布了一系列关于劳动保护和安全生产、环境保护等法律法规，形成了比较完善的化工行业法律法规体系。这些法律法规有力保障了劳动者和用人单位的合法权益。

一、化工行业相关法律法规

化工从业人员遵纪守法，慎独自律，将法纪和责任贯穿在工作的全过程，才能提高企业的竞争力和可持续发展，并能最大限度地发挥人生价值。化工行业适用的法律法规及相关标准主要包含以下几类。

1. 综合类

《中华人民共和国宪法》《中华人民共和国劳动法》《中华人民共和国劳动合同法》《中华人民共和国劳动合同法实施条例》《中华人民共和国劳动争议调解仲裁法》《中华人民共和国产品质量法》《中华人民共和国消防法》《中华人民共和国道路交通安全法》《中华人民共和国工会法》等。

2. 安全生产类

《中华人民共和国安全生产法》《安全生产许可证条例》《中华人民共和国工业产品生产许可证管理条例》《生产安全事故报告和调查处理条例》等。

3. 职业健康与劳动保护类

《中华人民共和国职业病防治法》《职业病诊断与鉴定管理办法》《工伤保险条例》《使用有毒物品作业场所劳动保护条例》等。

4. 危险化学品管理类

《危险化学品安全管理条例》《危险化学品登记管理办法》《化学品安全标签编写规定》《化学品分类和危险性公示　通则》《危险化学品经营许可证管理办法》《危险化学品生产企业安全生产许可证实施办法》《易制毒化学品管理条例》《危险化学品企业安全风险隐患排查治理导则》《化工园

区安全风险排查治理导则》等。

5. 环境保护和循环经济

《中华人民共和国环境保护法》《中华人民共和国大气污染防治法》《中华人民共和国水污染防治法》《中华人民共和国海洋环境保护法》《中华人民共和国固体废物污染环境防治法》《中华人民共和国清洁生产促进法》《中华人民共和国可再生能源法》《中华人民共和国节约能源法》《中华人民共和国环境影响评价法》《中华人民共和国循环经济促进法》等。

6. 其他

《中华人民共和国特种设备安全法》《特种设备安全监察条例》《特种作业人员安全技术培训考核管理规定》《生产经营单位安全培训规定》等。

作为一名化工行业的职场准新人,我们应该逐渐培养自身的法律意识,了解并遵守我国现行的法律法规,同时,学会使用法律武器维护自身的合法权益。

二、劳动者的权利和义务

1. 劳动者享有的权利

(1)工作时间和休息休假 《中华人民共和国劳动法》第三十六条规定:国家实行劳动者每日工作时间不超过八小时、平均每周工作时间不超过四十四小时的工时制度。我国目前实行三种工作时间制度,即标准工时工作制、不定时工作制和综合计算工时工作制。

① 标准工时工作制 劳动者每日工时不超过八小时,每周工时不超过四十小时的工时制度。
② 不定时工作制 每个工作日没有固定的上下班时间限制的工作时间制度。
③ 综合计算工时工作制 以标准工时制为基础,以一定的期限为周期,综合计算工作时间的工时制度。

用人单位应当保证劳动者每周至少休息一日,元旦、春节、国际劳动节、国庆节等法律法规规定的休假节日应当依法安排劳动者休假。如果企业因生产特点不能实行休息规定的,经劳动行政部门批准,可以实行其他工作和休息办法。

用人单位由于生产经营需要,经与工会和劳动者协商后可以延长工作时间,在保障劳动者身体健康的条件下延长工作时间每日不超过三小时,但是每月不得超过三十六小时。若遇到自然灾害、事故或者因其他原因,威胁劳动者生命健康和财产安全,需要紧急处理的或生产设备、公共设施发生故障,影响生产和公众利益的,必须及时抢修的等特殊情形,用人单位延长工作时间不受劳动法限制。

加油站

同心战疫情——多地加班加点满负荷生产保障防疫物资供应

2020年初,新冠肺炎疫情出现后,医用口罩、防护服等防疫物资的需求量大增,为了确保防疫物资的市场供应,春节期间,多地无纺布、口罩、防护服等生产企业做出员工放弃休假决定,有些企业工作时间也调整为"临时24小时制",力争最大限度扩大产能,确保质量。

疫情防控期间,医生、护士、产业工人及其他劳动者都积极响应单位、社会、国家的需求与召唤,放弃休息时间,奋战在防疫抗疫第一线。

（2）劳动报酬　　劳动报酬是劳动者付出体力或脑力劳动所获得的对价，体现的是劳动者创造的社会价值。劳动报酬有广义和狭义之分。广义劳动报酬是指货币工资、实物报酬和社会保险。我国立法上采用狭义概念，劳动报酬主要指货币工资。

用人单位支付劳动者的工资不得低于当地最低工资标准。劳动者在试用期的工资不得低于本单位相同岗位最低档工资或者劳动合同约定工资的百分之八十。工资应当以货币形式按月支付给劳动者本人，不得克扣或者无故拖欠劳动者的工资。劳动者在法定休假日和婚丧假期间以及依法参加社会活动期间，用人单位应当依法支付工资。

（3）劳动安全卫生保护　　劳动者享有劳动安全卫生保护的权利。用人单位必须建立、健全劳动安全卫生制度，严格执行国家劳动安全卫生规程和标准，对劳动者进行劳动安全卫生教育；必须为劳动者提供符合国家规定的劳动安全卫生条件和必要的劳动防护用品，对从事有职业危害作业的劳动者应当定期进行健康检查。劳动者对用人单位管理人员违章指挥、强令冒险作业，有权拒绝执行；对危害生命安全和身体健康的行为，有权提出批评、检举和控告。

（4）职业培训　　劳动者享有接受职业技能培训的权利。用人单位应当建立职业培训制度，按照国家规定提取和使用职业培训经费，根据本单位实际情况，有计划地对劳动者进行职业培训。

（5）社会保险和福利待遇　　劳动者享受社会保险待遇的条件和标准由法律、法规规定。劳动者在退休、患病、负伤、因工伤残或者患职业病、失业、生育情形下，依法享受社会保险待遇。劳动者死亡后，其遗属依法享受遗属津贴。劳动者享受的社会保险金必须按时足额支付。

（6）提请劳动争议处理　　用人单位与劳动者发生劳动争议时，当事人可以协商解决，也可以依法申请调解、仲裁、提起诉讼，主要处理方式及步骤如图3-1所示。如当事人协商解决不成，可以向本单位劳动争议调解委员会申请调解；调解不成，可以向劳动争议仲裁委员会申请仲裁；对仲裁裁决不服的，可以向人民法院提起诉讼。

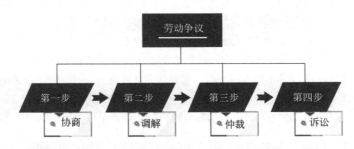

图3-1　劳动争议主要处理方式及步骤

2. 劳动者应尽的义务

劳动法律法规在规定了劳动者享有的劳动权利的同时，也规定了劳动者应尽的义务，主要是劳动者遵守劳动纪律和职业道德、执行劳动安全卫生规程、完成劳动任务。

每个劳动者都应当履行规定的劳动义务，以对国家、对人民、对社会负责的精神，保质保量地完成企业生产任务，在维护企业和自身利益的同时，实现劳动者的自我发展。

三、劳动合同

劳动合同是劳动者与用人单位确立劳动关系，明确双方权利和义务的协议，其主要法律依据有《中华人民共和国劳动法》《中华人民共和国劳动合同法》《中华人民共和国劳动合同法实施条例》。这些法律法规对于劳动合同双方当事人应当享有的权利和履行的义务作了详细规定，从劳动者视角，了解相关的权利和义务，保护自身的合法权益，从而构建和发展和谐稳定的劳动关系。劳动合同在形式上分为电子版和纸质版，根据相关法律规定，二者具有同等法律效力。

劳动者在与用人单位签订劳动合同的时候，需知晓劳动合同中包含的重要信息，需仔细核对各项条款内容，发现异议之处，及时和用人单位沟通。

1. 用人单位基本信息

> 劳动合同样例：
> 　　　　甲方（用人单位）
> 　　　　名称：＿＿＿＿＿＿＿＿＿＿＿＿＿＿＿＿＿＿
> 　　　　地址：＿＿＿＿＿＿＿＿＿＿＿＿＿＿＿＿＿＿
> 　　　　法定代表人（主要负责人）：＿＿＿＿＿＿＿＿＿＿＿＿
> 　　　　联系电话：＿＿＿＿＿＿＿＿＿＿＿＿＿＿＿＿
> 　　　　统一社会信用代码：＿＿＿＿＿＿＿＿＿＿＿＿＿＿

① 用人单位应是合法有效的用人主体，否则签订的劳动合同无效。
② 对照用人单位的营业执照，认真核对用人单位的基本信息。

2. 劳动者基本信息

> 劳动合同样例：
> 　　　　乙方（劳动者）
> 　　　　姓名：＿＿＿＿＿＿＿＿＿＿＿＿＿＿＿＿＿＿
> 　　　　居住地址：＿＿＿＿＿＿＿＿＿＿＿＿＿＿＿＿
> 　　　　户籍所在地：＿＿＿＿＿＿＿＿＿＿＿＿＿＿＿
> 　　　　身份证号码：＿＿＿＿＿＿＿＿＿＿＿＿＿＿＿
> 　　　　或者其他有效证件名称：＿＿＿＿＿＿＿＿＿＿＿
> 　　　　证件号码：＿＿＿＿＿＿＿＿＿＿＿＿＿＿＿＿
> 　　　　联系电话：＿＿＿＿＿＿＿＿＿＿＿＿＿＿＿＿

① 通常情况下，一个劳动者只能建立一个劳动关系。
② 认真填写并核对本人的基本信息。

3. 劳动合同期限和试用期

> 劳动合同样例：
> 　　甲、乙双方选择以下第__种形式确定本合同期限。
> 　　（一）固定期限：自____年__月__日至____年__月__日止。其中试用期自____年__月__日起至____年__月__日止，期限为__天。
> 　　（二）无固定期限：自____年__月__日起至依法解除、终止劳动合同时止。其中试用期自____年__月__日起至____年__月__日止，期限为____天。
> 　　（三）以完成一定的工作（任务）为期限：自____年__月__日起至____工作（任务）完成时即行终止。

（1）劳动合同期限的类型　劳动合同期限分为固定期限、无固定期限和以完成一定工作任务为期限三种。固定期限劳动合同是指用人单位与劳动者约定合同终止时间的劳动合同。无固定期限劳动合同是指用人单位与劳动者约定无确定终止时间的劳动合同。以完成一定工作任务为期限的劳动合同是指用人单位与劳动者约定以某项工作的完成为合同期限的劳动合同。

（2）劳动合同试用期　劳动合同期限三个月以上不满一年的，试用期不得超过一个月；劳动合同期限一年以上不满三年的，试用期不得超过二个月；三年以上固定期限和无固定期限的劳动合同，试用期不得超过六个月。

签订劳动合同时，要注意以下几点：

① 认真核对劳动合同期限的类型以及时间。

② 无固定期限劳动合同，用人单位只要具备解除劳动合同的法定情形，履行解除合同的法定程序，即可视为劳动合同解除。

③ 以完成一定工作任务为期限的劳动合同应明确终止条件。

4. 工作内容和工作地点

> 劳动合同样例：
> 乙方担任＿＿＿＿＿＿岗位（工种）工作。乙方应当按照甲方规章制度中的岗位职责要求完成生产工作任务。
> 乙方的工作地点为＿＿＿＿＿＿＿＿＿＿＿＿＿＿＿＿
> 经双方协商一致，可以变更工作岗位（工种）和工作地点。

① 工作岗位、工作地点的约定要具体明确，否则容易产生争议。

② 劳动者应考虑约定的工作地点自身是否能够实际履行。

5. 工作时间和休息休假

> 劳动合同样例：
> 甲方安排乙方执行以下第＿＿种工时制度。
> （一）标准工时工作制。乙方每日工作时间不超过＿＿小时、平均每周工作时间不超过＿＿小时。
> （二）不定时工作制。在确保完成甲方工作任务的前提下，乙方可适当自行安排工作和休息时间，但不得与公司管理需求相冲突。
> （三）综合计算工时工作制。以年、季、月等为周期，综合计算工作时间，在综合计算周期内，乙方每日工作时间不超过＿＿小时、平均每周工作时间不超过＿＿小时。
> 甲方由于生产经营需要，经与工会和乙方协商后可以延长工作时间，一般每日不得超过一小时；因特殊原因需要延长工作时间的，在保障乙方身体健康的条件下延长工作时间每日不得超过三小时，但是每月不得超过三十六小时。
> 甲方因工作需要执行特殊工时制度的，应事先报所在区、县劳动行政部门批准。甲方安排乙方加班加点的，应按国家规定向乙方支付加班加点工资。
> 乙方依法享有公休假、法定节日假、探亲假、婚丧假、产假、带薪年休假等假期。甲方保证乙方每周至少休息一天。
> 甲方因生产需要，商得乙方同意后，可安排乙方加班。日延长工时、休息日加班无法安排补休、法定节假日加班的，甲方按《劳动法》第四十四条规定支付加班工资。

① 双方需明确约定工时制度种类、工作时间、休息休假以及加班的相关规定。
② 一般情况下，劳动者连续工作满一年以上可以享受带薪年休假。

6. 劳动报酬和社会保险

（1）劳动报酬　劳动报酬包括基本工资、工龄工资、岗位工资、加班工资、各类奖金和津贴。用人单位应实施薪酬待遇按劳分配，同工同酬。对于从事相同工作，付出等量劳动且取得相同劳绩的劳动者，应支付同等的劳动报酬。

> 劳动合同样例：
> 甲方采用以下第____种形式向乙方支付工资。
> （一）月工资____元，试用期间工资____元，甲方每月__日前向乙方支付工资。
> （二）日工资____元，试用期间工资____元，甲方向乙方支付工资的时间为每月__日。
> （三）计件工资。甲方以同类岗位人员能够完成的劳动量为基础制定的计件单价约定为____。
> 以上双方约定的工资不低于甲方所在地的最低工资标准，其中乙方在试用期的工资不低于甲方相同岗位最低档工资或者本合同约定工资的百分之八十。

① 劳动报酬应明确写在劳动合同上，避免口头约定。
② 工资必须以货币形式按月足额支付给劳动者。

（2）社会保险　国家规定强制参加的社会保险包括基本养老保险、基本医疗保险、失业保险、工伤保险、生育保险。缴纳社会保险费是用人单位和劳动者的法定义务。

> 劳动合同样例：
> 甲乙双方按国家规定参加社会保险。甲方为乙方办理有关社会保险手续，并承担相应的社会保险义务。乙方应缴的社会保险费由甲方代扣代缴。
> 乙方患病或非因工负伤的医疗待遇按国家有关规定执行。
> 乙方因工负伤或患职业病的待遇按国家有关规定执行。
> 乙方在孕期、产期、哺乳期等各项待遇，按国家有关生育保险政策规定执行。

7. 劳动保护和劳动条件

> 劳动合同样例：
> 甲方负责对乙方进行政治思想、职业道德、业务技术、劳动安全卫生及有关规章制度的培训。
> 甲方按照国家劳动安全卫生的有关规定为乙方提供必要的安全防护设施，发放必要的劳动保护用品。对乙方从事接触职业病危害的作业的，甲方应按国家有关规定组织上岗前和离岗时的职业健康检查，在合同期内应定期对乙方进行职业健康检查。
> 甲方将依法建立安全生产制度。乙方严格遵守甲方依法制定的各项规章制度、不违章作业，防止劳动过程中的事故，减少职业危害。
> 乙方有权拒绝甲方的违章指挥，对甲方及其管理人员漠视乙方安全健康的行为，有权提出批评并向有关部门检举控告。

① 劳动者享有劳动安全卫生教育培训、职业健康检查和劳动保护的权利。
② 劳动者有权拒绝用人单位的违章指挥，有权对危害生命安全和身体健康的行为提出批评、

检举和控告。

8. 合同中的其他信息

劳动合同中还包括了职业培训、补充保险、福利待遇、解除和终止、违约责任、劳动纪律、保密责任、劳动争议处理等信息，求职者必须认真阅读，理解每条信息所包含的权利与义务。

在签订劳动合同的过程中，劳动者应当秉持审慎态度，认真审核合同各条款内容，确保所有条款均填写完整，避免出现"空白条款"，以防在合同签订后被他人随意填写。劳动合同签订后，劳动者务必留存一份合同副本，作为重要的权益保障依据，以便日后查阅。

1.《中华人民共和国劳动法》（2018年版）；
2.《中华人民共和国劳动合同法》（2012年版）；
3.《中华人民共和国劳动合同法实施条例》（2008年版）；
4.《中华人民共和国安全生产法》（2021年版）；
5.《中华人民共和国劳动争议调解仲裁法》（2007年版）。

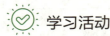

劳动合同签订

1. 假设你被×××化工有限公司录用了，需要和公司签订劳动合同。公司作为甲方已填好相关信息，你作为乙方，现在要认真研读合同中的各项条款（详见附：劳动合同），完成合同签订。

2. 根据下列劳动合同，回答以下问题。
（1）请说出下列劳动合同中，哪些是必备条款？
（2）劳动合同的试用期可以约定多长时间？什么情况下不得约定试用期？
（3）请列举劳动者在劳动保护和劳动条件方面享有的权利。
（4）在被胁迫的情况下订立的劳动合同，是否具有法律效力？为什么？劳动合同的无效，由谁来认定？

附：劳动合同

劳 动 合 同

甲方（用人单位）
名称：＿＿＿×××化工有限公司＿＿＿
地址：＿＿＿×××市江宁区阳光大道88号＿＿＿
法定代表人（主要负责人）：＿张三＿＿＿
联系电话：＿＿＿×××-8888888×＿＿＿
统一社会信用代码：＿12441781455981051W＿＿＿

乙方（劳动者）
姓名：＿＿＿＿＿＿＿＿＿＿
居住地址：＿＿＿＿＿＿＿＿＿＿
户籍所在地：＿＿＿＿＿＿＿＿＿＿
身份证号码：＿＿＿＿＿＿＿＿＿＿
或者其他有效证件名称：＿＿＿＿＿＿＿＿＿＿
证件号码：＿＿＿＿＿＿＿＿＿＿

联系电话：_____

根据《中华人民共和国劳动法》《中华人民共和国劳动合同法》及有关规定，甲乙双方经平等自愿、协商一致，签订本合同。

一、合同期限

甲、乙双方选择以下第 (一) 种形式确定本合同期限。

（一）固定期限：自 2022 年 07 月 01 日起至 2024 年 06 月 30 日止。其中试用期自 2022 年 07 月 01 日起至 2022 年 08 月 31 日止，期限为 62 天。

（二）无固定期限：自____年____月____日起至依法解除、终止劳动合同时止。其中试用期自____年____月____日起至____年____月____日止，期限为____天。

（三）以完成一定的工作（任务）为期限：自____年____月____日起至_____工作（任务）完成时即行终止。

二、工作内容和工作地点

乙方担任 化工工艺员 岗位（工种）工作。乙方应当按照甲方规章制度中的岗位职责要求完成生产工作任务。

乙方的工作地点为 ×××市江宁区阳光大道 88 号聚氨酯装置 。

经双方协商一致，可以变更工作岗位（工种）和工作地点。

三、工作时间和休息休假

甲方安排乙方执行以下第 (一) 种工时制度。

（一）标准工时工作制。乙方每日工作时间不超过 八 小时、平均每周工作时间不超过 四十四 小时。

（二）不定时工作制。在确保完成甲方工作任务的前提下，乙方可适当自行安排工作和休息时间，但不得与公司管理需求相冲突。

（三）综合计算工时工作制。以年、季、月等为周期，综合计算工作时间，在综合计算周期内，乙方每日工作时间不超过____小时、平均每周工作时间不超过____小时。

甲方由于生产经营需要，经与工会和乙方协商后可以延长工作时间，一般每日不得超过一小时；因特殊原因需要延长工作时间的，在保障乙方身体健康的条件下延长工作时间每日不得超过三小时，但是每月不得超过三十六小时。

甲方因工作需要执行特殊工时制度的，应事先报所在区、县劳动行政部门批准。

甲方安排乙方加班加点的，应按国家规定向乙方支付加班加点工资。

乙方依法享有公休假、法定节日假、探亲假、婚丧假、产假、带薪年休假等假期。甲方保证乙方每周至少休息一天。

甲方因生产需要，商得乙方同意后，可安排乙方加班。日延长工时、休息日加班无法安排补休、法定节假日加班的，甲方按《劳动法》第四十四条规定支付加班工资。

四、劳动报酬

甲方采用以下第 (一) 种形式向乙方支付工资。

（一）月工资 3800 元，试用期间工资 3040 元，甲方每月 10 日前向乙方支付工资。

（二）日工资____元，试用期间工资____，甲方向乙方支付工资的时间为每月_____日。

（三）计件工资。甲方以同类岗位人员能够完成的劳动量为基础制定的计件单价约定为_____。

以上双方约定的工资不低于甲方所在地的最低工资标准，其中乙方在试用期的工资不低于甲方相同岗位最低档工资或者本合同约定工资的百分之八十。

五、劳动保护和劳动条件

甲方负责对乙方进行政治思想、职业道德、业务技术、劳动安全卫生及有关规章制度的培训。

甲方按照国家劳动安全卫生的有关规定为乙方提供必要的安全防护设施，发放必要的劳动保护用品。对乙方从事接触职业病危害的作业的，甲方应按国家有关规定组织上岗前和离岗时的职业健康检查，在合同期内应定期对乙方进行职业健康检查。

甲方应依法建立安全生产制度。乙方应严格遵守甲方依法制定的各项规章制度、不违章作业，防止劳动过程中的事故，减少职业危害。

乙方有权拒绝甲方的违章指挥，对甲方及其管理人员漠视乙方安全健康的行为，有权提出批评并向有关部门检举控告。

六、职业培训

甲方为乙方提供安全、业务技术及各种规章制度的培训。如甲方为乙方提供专项技术培训的，乙方应当与甲方签订培训协议，约定服务期及违约责任等内容。

七、社会保险

甲乙双方按国家规定参加社会保险。甲方为乙方办理有关社会保险手续，并承担相应的社会保险义务。乙方应缴的社会保险费由甲方代扣代缴。

乙方患病或非因工负伤的医疗待遇按国家有关规定执行。

乙方因工负伤或患职业病的待遇按国家有关规定执行。

乙方在孕期、产期、哺乳期等各项待遇，按国家有关生育保险政策规定执行。

八、解除和终止

本劳动合同的解除或终止，依《劳动合同法》规定执行。

甲乙双方约定的其他事项。

九、违约责任

甲乙双方均应严格履行本合同，任何一方违反本合同给对方造成经济损失的，均应承担相应的经济赔偿责任。

十、保密责任

乙方不得向第三方披露甲方的商业秘密、甲方合作伙伴和客户的商业秘密。

十一、劳动争议处理

甲乙双方发生劳动争议，可以协商解决，也可以依照《劳动争议调解仲裁法》的规定通过申请调解、仲裁，提起诉讼解决。

十二、其他

本合同未尽事宜，双方可另行协商解决。

本合同一式二份，甲乙双方各执一份。

甲方（公章）：×××化工有限公司　　　　　　　乙方（签字或盖章）：

法定代表人或委托代理人（签章）：张三

日期：<u>2022</u>年<u>06</u>月<u>28</u>日　　　　　　　　　　日期：＿＿＿年＿＿月＿＿日

巩固练习

1. 为什么劳动合同一经依法订立立即具有约束力？
2. 劳动者与用人单位建立劳动关系是从签订劳动合同开始的吗？
3. 为什么劳动者要与用人单位签订书面劳动合同？
4. 劳动合同必须具有哪些条款？
5. 《中华人民共和国劳动合同法》对试用期是怎样规定的？试用期签订的是试用期合同吗？
6. 劳动者在试用期内能解除劳动合同吗？为什么？
7. 什么是无效劳动合同？

任务二　劳动争议处理

任务描述

小王表姐欣欣在工作中与用人单位发生劳动争议的案例给小王留下了深刻的印象，他暗自下定决心，一定要努力学习劳动争议相关的法律知识，增强法律意识，学会运用合理合法的维权方式处理劳动争议，维护自身的合法权益。

学习目标

知晓劳动争议的含义、特征及处理范围。
能概述处理劳动争议的方式和一般程序，会通过合理合法的维权方式处理劳动争议。
具有较强的法律意识和维权意识。

当劳动者与用人单位之间的劳动关系出现不协调的情况时，极有可能发生劳动争议。对待劳动争议，我们应采取"未遇之，则防之；既遇之，则处之"的正确态度。"防之"，我们努力融入用人单位，胜任用人单位安排的工作，使劳动关系保持协调稳定的态势。"处之"，则是当我们遇到劳动争议时，通过有关内容的学习，帮助我们选择合理合法的维权方式泰然处理劳动争议。

一、劳动争议

1. 劳动争议的含义

劳动争议是指劳动者和用人单位因劳动关系中权利义务而发生的纠纷。劳动争议是基于劳动关系发生的、有关劳动权利和劳动义务方面的冲突，它不包括由于观念、信仰、理论等分歧引起的争执；劳动争议是发生在劳动法律关系当事人即用人单位和员工之间的争议，劳动争议的当事人是特定的，因此用人单位与用人单位之间、劳动者与劳动者之间或用人单位与劳动行政部门之间等发生的争议不是劳动争议。

2. 劳动争议的特征

劳动争议的特征主要有以下几点：
① 劳动争议主体一方为用人单位，另一方必须是劳动者。
② 劳动争议主体之间必须存在劳动关系。
③ 劳动争议是在劳动关系存续期间发生的。
④ 劳动争议的内容必须与劳动权利义务有关。

3. 劳动争议的处理范围

根据《中华人民共和国劳动争议调解仲裁法》（2007年版）的规定，劳动争议为用人单位与劳动者发生的下列争议：

学习情境三　劳动合同签订

① 因确认劳动关系发生的争议。
② 因订立、履行、变更、解除和终止劳动合同发生的争议。
③ 因除名、辞退和辞职、离职发生的争议。
④ 因工作时间、休息休假、社会保险、福利、培训以及劳动保护发生的争议。
⑤ 因劳动报酬、工伤医疗费、经济补偿或者赔偿金等发生的争议。
⑥ 法律、法规规定的其他劳动争议。

二、劳动争议解决的途径

1. 劳动争议解决的方式

（1）协商　协商是指当事人在发生劳动争议后，在自愿互谅的基础上，依照法律的规定，直接进行磋商，自行解决争议。通过协商方式解决纠纷既有助于化解矛盾，还有利于维护关系的和谐稳定。

（2）调解　发生劳动争议后，当事人不愿协商、协商不成或者达成和解协议后不履行的，劳动者可以向本单位的劳动争议调解委员会、依法设立的基层人民调解组织、在乡镇街道设立的有劳动争议调解职能的组织提出申请，请求调解。

（3）仲裁　仲裁是指经争议当事人的申请，劳动争议仲裁委员会对双方发生的劳动争议依法进行的裁决活动。申请劳动仲裁的时效期为一年，仲裁时效期从当事人知道或者应当知道其权利被侵害之日起计算。时效期内，当事人可向劳动争议仲裁委员会提交书面申请。申请书着重阐明仲裁请求，陈述所根据的事实和理由，并且提供相应的证据材料，当事人可以委托一至两名律师代理参加仲裁活动。

（4）诉讼　诉讼是指司法机关在案件当事人和其他有关人员的参与下，按照法定程序解决案件时所进行的活动。劳动争议当事人若对仲裁裁决不服，应依据法律规定，在收到仲裁裁决书后的相应期限内，向指定的法院提起诉讼。

我国劳动争议当事人解决劳动争议的途径还是很多的，可以通过协商、调解、仲裁、诉讼，还可以向相关监管部门举报，或者通过工会等组织举报等。当我们的权益受到侵犯，请采用合法的途径解决问题。

2. 劳动争议解决的程序

根据《中华人民共和国劳动法》和《中华人民共和国劳动争议调解仲裁法》等的规定，劳动者与用人单位发生劳动争议后，可按照以下几个程序解决，见图3-2。

（1）双方自行协商解决　劳动争议发生后，劳动者与用人单位可自行协商，寻求达成和解协议。在协商过程中，双方通过沟通、互谅互让，就争议事项达成一致解决方案，以消除争议。

（2）调解程序　劳动争议调解自劳动争议调解组织收到调解申请之日起，应在十五日内完成。若十五日内未能达成调解协议，当事人可依法申请仲裁。对于情况复杂的劳动争议案件，当事人可以在调解组织的引导下，选择通过申请仲裁、向人民法院提起诉讼等合法途径解决争议。在此过程中，当事人还可以借助调解组织的协助，着手准备相关证据材料。

（3）仲裁程序　当事人一方或双方都可以向仲裁委员会申请仲裁。劳动争议仲裁委员会受理申请后，一般四十五日内结案，复杂案件经批准可延期不超过十五日。仲裁庭应当先行调解，调解不成的，作出裁决。非终局裁决，当事人不服，可在收到裁决书十五日内向人民法院起诉，否则裁决生效。终局裁决，劳动者不服，十五日内向人民法院起诉；用人单位不服，三十日内向中级人民法院起诉。一方当事人不履行生效的仲裁调解书或裁决书时，另一方当事人有权向人民法

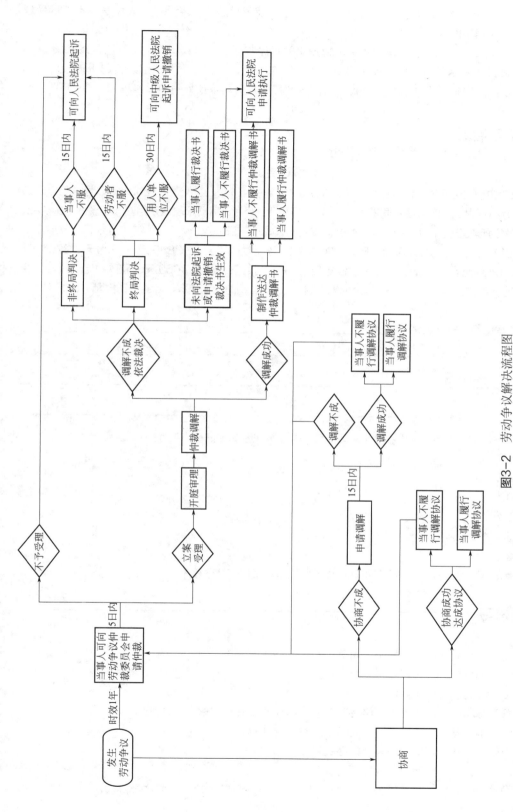

图3-2 劳动争议解决流程图

注：在劳动关系存续期间因拖欠劳动报酬引发争议，劳动者申请仲裁不受一年仲裁时效期间的约束。但是，劳动关系终止的，劳动者应当自劳动关系终止之日起一年内提出仲裁申请

院申请强制执行。该程序是人民法院处理劳动争议的前置程序，也就是说，人民法院不直接受理没有经过仲裁程序的劳动争议案件。

（4）诉讼程序 人民法院按照相关法律规定的程序审理劳动争议案件，实行两审终审制。一般在立案之日起六个月内结案；如果当事人不服一审判决，可在收到判决书之日起十五日内提起上诉，二审法院审理期限一般为三个月。法院审判程序是劳动争议处理的最终程序。

学习活动

劳动争议处理

小王的表姐欣欣于2021年2月22日起进入×××化工有限公司工作，2021年3月4日，双方签订书面劳动合同，约定劳动合同期限为2年，试用期2个月，劳动报酬约定月基本工资为8000元，试用期工资为6400元。2021年6月5日，欣欣向公司提交辞职申请。2021年7月8日，欣欣正式离职。2021年2月至2021年7月，欣欣的实发月工资分别为1150元、3880元、3900元、3700元、3600元、1250元。欣欣要求公司支付拖欠工资，并支付经济补偿金4000元。欣欣决定通过合理合法的维权方式维护自身权益。小王的表姐欣欣没有按照与公司的约定获取相应的劳动报酬，该如何维护自身权益？

1. 此案例劳动争议点是_____
_____
_____
_____

2. 请根据案例内容，选出欣欣所采取的劳动争议解决方式（请在方框处打钩）。
☐ 协商
☐ 调解
☐ 仲裁
☐ 诉讼
☐ 监察举报投诉
☐ 信访

3. 请根据案例内容，以图示的形式描述该劳动争议案件的处理程序。

巩固练习

1. 就劳动者而言，如何预防劳动争议？
2. "劳动争议发生之日"应当如何认定？
3. 发生劳动争议后如何协商？
4. 发生劳动争议，当事人不愿协商、协商不成或不履行和解协议的如何处理？
5. 劳动争议发生后当事人可以向哪些组织申请调解？
6. 为什么仲裁是解决劳动争议的必经程序？
7. 认真阅读下列案例，完成后面的练习。

欣欣的同事小杰在任职期间和A公司签订了《竞业限制协议》。根据这份协议，双方约定：小杰承诺在 A 公司任职期间及离职后两年内，非经 A 公司事先同意，不直接或间接在任何企业（包含并不限于与公司生产、经营同类产品或提供服务的其他企业）内担任职务；除非经 A 公司书面同意，不以任何方式参与和 A 公司业务项目相同或类似之生产或经营企业；不直接或间接地从与 A 公司相竞争的企业获取经济利益。协议还约定，小杰若违反本协议义务，除返还已向 A 公司领取的所有承担本协议约定义务的补偿费外，还应一次性向 A 公司支付违约金，金额为小杰离开 A 公司前一年工资收入的 20 倍。

2019 年 1 月，小杰从 A 公司离职。据悉，小杰 2018 年在 A 公司的年工资收入为 6.3 万元。小杰离职后，A 公司按约定陆续向他支付了竞业限制补偿金。2019 年 11 月，A 公司获悉小杰未经许可，于经营同类产品、从事同类业务的 B 公司就职。新东家还为小杰缴纳了社会保险费。

（1）小杰违反了_____的约定；根据约定，小杰除应返还已从公司领取的所有承担本协议约定义务的补偿费外，还应一次性向公司支付违约金_____万元。

（2）如果小杰更换联系方式，故意回避 A 公司的追责，A 公司可以通过哪些途径维护本公司权益？

文本文件资源

教学视频动画资源

学习情境四
入职报到

情境描述

上午,小王正式前往公司报到,他比约定的时间早到了20分钟,在人力资源专员佳佳的引导下,小王着手办理了新员工入职的相关手续。下午,小王参加了新员工见面会,聆听了相关领导对公司概况、组织架构、各部门职能及相关管理制度等的介绍。

任务　新员工入职报到

任务描述

小王今天正式前往公司报到。他需要知道新员工入职报到的流程，了解企业的组织结构及各部门职能，以便在今后的工作中与相应部门联系沟通，提高工作效率。

学习目标

能概述新员工入职报到的流程、办理事项及内容。
能概述化工企业组织结构和主要部门的职能，能根据工作性质联系相应的职能部门开展工作。
具备良好的交流沟通能力和团队合作意识。

应届毕业生收到应聘公司发来的《入职通知书》，就意味着要从学生转变成公司员工，即将开启全新的生活模式：走进新岗位、融入新团队、肩负新使命。提前了解新员工入职报到流程，熟悉公司的组织结构以及各重要部门的职能，将有助于应届毕业生顺利入职，尽快融入新公司并适应角色转换。

一、新员工入职报到流程

通常情况下，应届毕业生收到公司发来的《入职通知书》后，根据通知要求，做好相应的入职准备，确保入职过程有序进行。新员工入职报到流程主要包括办理入职手续、参加安全教育培训、参加新员工见面会、前往所属部门报到等（图4-1）。

图4-1　新员工入职报到流程

1. 办理入职手续

① 填写《新员工入职登记表》。
② 提交录用通知书签字件、身份证及户口本复印件、毕业证书复印件、职业技能等级证书复印件以及公司其他规定材料。
③ 签订员工手册、雇员保密信息协议、培训协议等文件。

随着技术的不断进步，越来越多的公司已经借助人力资源系统实现了电子签约，辅助入职手续办理。

2. 参加安全教育培训

① 参加公司一级安全教育培训与考核。
② 考核通过后，方可进入下一报到流程。

3. 参加新员工见面会

① 了解企业文化、企业组织架构、各部门的职能以及相关管理制度等。

学习情境四　入职报到

② 参观入职企业。

4. 前往所属部门报到

① 认识部门同事，熟悉工作环境。
② 了解岗位职责和工作流程。

二、现代化工企业的组织结构

无论是集团公司运作的大型化工企业还是独立的中小型化工企业，都需要建立企业内部组织机构，各机构共同为实现企业目标进行分工协作，才能高效完成企业的任务，保障体系的有效运行。

现代化工企业组织结构形式很多，重要且常用的有：

1. U型组织结构（united structure，亦称直线职能制组织结构）

U型组织结构是一种按职能划分部门的纵向垂直一体化的职能结构。公司总部从事业务的策划和运筹，直接领导和指挥各部门的业务活动和经营管理，保证了直线统一指挥，充分发挥了专业职能部门的作用。

U型组织结构仍是我国大多数企业采用的结构类型。总经理负责制下的每个部门各尽其责，维护企业的正常运转。U型组织结构框架图，如图4-2所示。

2. M型组织结构（multidivisional structure，亦称事业部制或分部制组织结构）

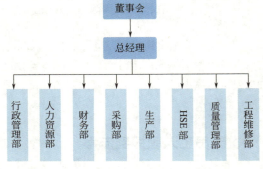

图4-2 U型组织结构框架图

M型组织结构下设若干个按产品、服务、客户或地区划分的分支机构（事业部），公司总部授予事业部门很大的经营自主权，使其内部类似一个个独立的企业，根据市场情况自主经营、独立核算、自负盈亏。

M型组织结构形式主要适用于产品多样化和从事多元化经营的组织，也适用于面临市场环境复杂多变或所处地理位置分散的大型企业和巨型企业。图4-3为某大型国有石油化工企业的组织结构图，图4-4为某外资化工企业的组织结构图。

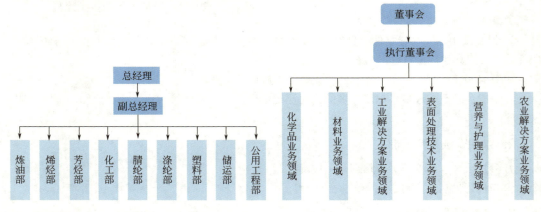

图4-3 M型组织结构框架图
（某大型国有石油化工企业的组织结构图）

图4-4 M型组织结构框架图
（某外资化工企业的组织结构图）

3. H 型组织结构（holding company structure，亦称控股公司型组织结构）

H 型组织结构较多地出现在由横向合并而形成的企业之中，合并后的各子公司保持了较大的独立性，总公司则通过各种委员会和职能部门来协调和控制子公司的目标和行为。H 形的组织结构框架图，如图 4-5 所示。

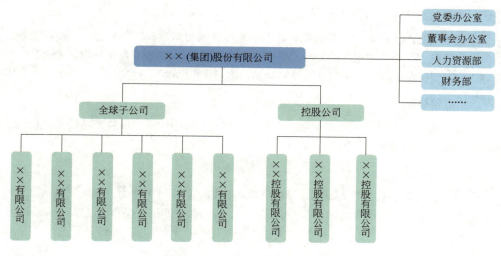

图 4-5　H 型组织结构框架图

H 型组织结构中往往包含了 U 型和 M 型组织结构，从企业事业部分离并演变成独立的子公司，演变过程中呈现 M 型组织结构，构成控股公司的子公司通常是 U 型组织结构。例如，上海华谊（集团）公司所属全资和控股企业有双钱轮胎集团有限公司、上海华谊能源化工有限公司、上海华谊精细化工有限公司、上海氯碱化工股份有限公司等。

三、化工企业主要部门的职能

通过对化工企业主要部门的职能介绍，新员工能了解企业，尽早适应公司组织环境，尽快融入公司。以常见的 U 型组织结构为例进行介绍：

1. 行政管理部

负责处理公司相关文件；负责公司的合同、印章以及印信管理工作；负责各部门之间有关问题的协调等工作。

2. 人力资源部

负责根据公司人员编制，制订年度人员需求计划、招聘计划以及培训计划；负责设计、优化公司绩效考核方案，并牵头组织各部门实施考核；负责员工入离职、转岗手续办理等工作。

3. 财务部

负责编制财务计划，加强经营核算管理，反映、分析财务计划的执行情况；负责编制资金预算，监控预算的执行；负责控制成本费用，进行成本分析等工作。

4. 采购部

负责根据市场行情和公司的生产能力编制物资采购计划；负责按照公司规定流程采购各类物

资；负责定期评估采购物资，选择优质的物资供应商等工作。

5. 生产部

负责按照销售订单制定生产计划，并按计划实施生产；负责产品生产工艺流程的实施与优化，提高生产效率；负责按照工艺要求实施产品包装等工作。

6. 健康、安全与环境部（HSE部）

负责检查所有的生产过程、装置操作状态，避免并预防事故和危险的发生；负责准备安全预防措施（如消防、劳动防护用品的分布，安全设备的控制等）；负责开展深层次的安全和环境保护教育等工作，保证员工避免在工作环境受到化学、物理、生态的影响等工作。

7. 质量管理部

负责公司内部质量管理体系的策划；负责公司原材料、中间品、最终产品的质量检验；负责定期进行质量分析和考核等工作。

8. 工程维修部

负责编制公司各类设施设备维修、维护、保养计划；负责公司电力、照明、供气、供水系统的运行管理；负责公司生产设施、设备安装、调试、维修和定期维护保养等工作。

9. 仓储部

负责公司原材料、中间品、最终产品、机械、备件等物资的出入库管理；负责物资的库存管理；负责仓库安全与现场管理等工作。

10. 营销部

负责按照公司的销售总体计划督促跟踪各区域销售工作进度；负责销售数据的统计分析；负责销售订单完成的跟踪与管理等工作。

11. 技术部

负责现场生产加工技术难题的解决和品质异常问题的判定；负责生产现场设备和岗位标准作业程序（SOP）的编制及维护；负责公司生产设备的自动化改良和外部先进技术的引进等工作。

12. 保卫部

负责生产安全事故防范，做好工伤、交通事故的调查，分析处理和统计上报；负责公司生产安全相关风险的甄别及评估，做好风险防范和管控工作；负责公司消防、综合治理、安全保卫管理等工作。

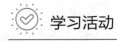 学习活动

新员工报到演练

1. 活动描述

小王兴致勃勃地去×××化工有限公司报到，他需在规定的时间内联系相关部门，完成入职手续办理、工资卡及工作服领取、进聚氨酯生产部见师父、岗前培训等入职准备工作。

2. 活动实施

（1）部门组建，人员分工　组建行政管理部、人力资源部、财务部、生产部、HSE部，建议3~4人/部门。各部门设立核心人物，如行政主管、人力资源主管、财务主管、生产部经理、HSE主管等。

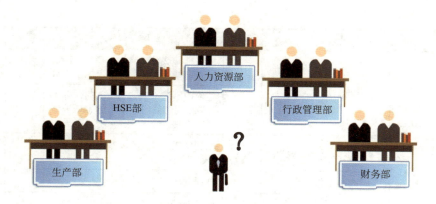

注：小王需提前准备身份证原件、毕业证书原件等入职报到材料；各部门需提前准备部门铭牌和部门核心人物挂牌等道具。

（2）部门职能介绍　各部门明确本部门的职能，填写表 4-1，并作介绍。

表 4-1　部门及其主要职能

部门名称	主要职能	协助小王完成的工作事项

（3）相关入职准备工作办理　小王在规定的时间内前往相关部门办理以下入职准备工作：入职手续办理、工资卡及工作服领取、进聚氨酯生产部见师父、岗前培训。

3．评估谈话

（1）结合本次活动，请说出新员工办理入职准备工作的次序。

（2）在企业第一次见到师父，请谈谈如何给师父留下好印象。

（3）假设师父在聚氨酯生产的备料过程中，发现缺少表面活性剂，派你去领料。你觉得应该去哪个部门领取？领料时，需要说明表面活性剂的哪些信息？

（4）从 ××× 化工有限公司的部门设置来看，请推测该公司属于哪一种类型的组织结构，请说出你的判断依据。

4．活动评价

活动评价表见表 4-2。

表 4-2　活动评价表（第＿组）

序号	评价项目	评价内容	配分	考核点说明	得分	评价记录
1	活动实施	角色分配情况	3	部门及小王角色少一个扣 0.5 分，最多扣 3 分		
		道具准备情况	2	小王的入职材料少一个扣 1 分，最多扣 2 分		

续表

序号	评价项目	评价内容	配分	考核点说明	得分	评价记录
1	活动实施	各部门职责阐述	10	填写准确2分/部门，基本准确1分/部门，填写错误或未填不得分		
			25	各部门阐述准确5分/部门，基本准确3分/部门，词不达意或未做阐述不得分		
		入职准备工作达成度	25	顺利完成5分/项，基本完成3分/项，未完成不得分		
		入职准备工作办理顺序	5	办理顺序有误不得分		
2	时间控制	在规定的时间内完成活动任务	10	超时1min（含）以内扣5分；超时2min（含）以内扣10分；超时2min以上不得分		
3	评估谈话	答题准确度	20	少答一题、错答一题扣5分；答题表达准确5分/题，基本准确3分/题，词不达意或者未回答不得分		
		总配分	100	总得分		

注：以上考核点中每个点的分值设定可以结合实际情况做调整。

巩固练习

1. 假设小王临时有急事，不能按照约定时间办理入职报到手续了，他该如何处理？
2. 判断题：新员工未通过公司一级安全教育考核也可以前往所属部门报到。（　　）
3. 选择题：过分集权管理就会存在弊端。下列哪些选项不是其弊端所致的？（　　）
   A．降低决策的质量　　　　　　　　B．降低决策的成本
   C．降低组织成员的工作热情　　　　D．降低工作效率
4. 请选取一家化工企业，画出该企业的组织结构框架，并指出其组织结构所属类型。
5. 请列举现代化工企业生产部、HSE部、仓储部的主要职能（每个职能部门的主要职能不少于三项）。
6. 连一连

部门职能		部门名称
利用原料生产产品直至达到规定的质量要求	●　　●	人力资源部
负责公司原材料、中间品、最终产品、机械、备件等物资的出入库管理	●　　●	财务部
负责员工入离职、转岗等手续办理工作	●　　●	生产部
负责公司工资、奖金、加班费的审核及支付管理	●　　●	HSE部
负责开展深层次的安全和环境保护教育	●　　●	仓储部

学习情境五
安全培训

情境描述

为了提高小王等新员工的安全意识、安全知识和安全技能,公司组织开展了安全教育专题培训。通过安全知识讲解、事故案例分析、实战演练等,小王了解了化工生产中常见的风险因素,掌握了基本的安全防护措施和应急技能。

任务一 化工生产风险因素识别

任务描述

作为化工从业人员，认识风险是采取相应防范措施的前提。通过安全教育，小王知晓化学品危险、火灾爆炸危险、设备危险、人的不安全行为、环境危险等化工生产常见风险因素，在此基础上具备在工作前识别风险的意识和能力。

> 能概述三级安全培训的主要内容。
> 能利用化学品安全技术说明书（SDS）、化学品安全标签等资料获取危险化学品的信息。
> 知晓化学品危险、火灾爆炸危险、设备危险、人的不安全行为、环境危险等化工生产常见风险因素。
> 具备工作前识别风险的意识。

由于化工生产的高危特性，化工生产人员必须具备足够的风险识别能力，在工作中针对各类风险因素做好防护，遵守安全纪律，以避免事故的发生。

一、化工企业三级安全培训

安全培训是提高员工安全素质，实现安全生产的基础。员工通过安全培训，可以增强安全意识，掌握安全生产的科学知识，不断提高安全管理水平和安全操作水平。三级安全培训制度是化工企业安全培训的基本制度，分为厂级岗前安全培训、车间（工段）级岗前安全培训和班组级岗前安全培训。

1. 厂级岗前安全培训

① 劳动保护的意义、任务、内容和其重要性。
② 企业的安全概况，包括企业安全工作发展史，企业生产特点，设备分布情况（接近要害部位、特殊设备的注意事项），企业安全生产的组织，企业规章制度。
③ 各种警告标志和信号装置等。
④ 企业典型事故案例和教训，抢险救灾、救人常识以及工伤事故报告程序等。

2. 车间（工段）级岗前安全培训

① 车间生产产品、工艺流程及特点，车间人员结构，车间危险区域，有毒有害工种情况，车间劳动保护方面的规章制度，车间常见事故和对典型事故案例的剖析。
② 车间易燃易爆品的情况，防火要害部位及特殊要求，消防用品放置地点，灭火器的性能、使用方法，遇到火险的处理方法等。
③ 安全生产文件和安全操作规程制度。

3. 班组级岗前安全培训

① 班组的生产特点、作业环境、危险区域、设备状况、消防设施等。本班组生产过程的危险因素，本班组容易出事故的部位和典型事故案例的剖析。

② 安全操作规程和岗位责任，机器设备和工具的正确使用方法，各种安全活动以及作业环境的安全检查和交接班制度，事故隐患或事故的应对流程和措施。

③ 劳动保护用品的正确使用及维护方法，文明生产的要求。

除了新员工须接受三级安全教育外，调换新工种、复工，采取新技术、新工艺、新设备、新材料的人员，也必须接受新岗位、新操作方法的安全教育培训，经考试合格后，方可上岗操作。

二、化工生产风险因素

1. 化学品的危险

（1）化学品的危险性分类

① 《化学品分类和危险性公示 通则》（GB 13690—2009）《化学品分类和危险性公示 通则》按照 GHS（见图 5-1）制度的原理和方法，将化学品的危险性分为理化危险、健康危险、环境危险三大类，如表 5-1 所示。

GHS（《全球化学品统一分类和标签制度》）是由联合国出版的作为指导各国控制化学品危害和保护人类和环境的统一分类制度文件。

图 5-1　GHS 的概念

表 5-1　化学品危险性分类（《化学品分类和危险性公示 通则》）

大类	序号	类型	大类	序号	类型
理化危险	1	爆炸物	健康危险	15	有机过氧化物
	2	易燃气体		16	金属腐蚀剂
	3	易燃气溶胶		1	急性毒性
	4	氧化性气体		2	皮肤腐蚀/刺激
	5	压力下气体		3	严重眼损伤/眼刺激
	6	易燃液体		4	呼吸或皮肤过敏
	7	易燃固体		5	生殖细胞致突变性
	8	自反应物质或混合物		6	生殖毒性
	9	自燃液体		7	致癌性
	10	自燃固体		8	特异性靶器官系统毒性——一次接触
	11	自热物质和混合物		9	特异性靶器官系统毒性——反复接触
	12	遇水放出易燃气体的物质或混合物		10	吸入危险
	13	氧化性液体	环境危险	1	急性水生毒性
	14	氧化性固体		2	慢性水生毒性

② 《危险货物分类和品名编号》（GB 6944—2012）　部分化学品同时属于危险货物，相关从业人员还须掌握危险货物的分类方法。《危险货物分类和品名编号》规定了危险货物分类、危险货物危险性的先后顺序和危险货物编号。该标准将危险货物分为九类（见表 5-2），适用于危险货物运输、储存、经销及相关活动。

表 5-2　危险货物分类（《危险货物分类和品名编号》）

序号	类型
第一类	爆炸品
第二类	气体
第三类	易燃液体
第四类	易燃固体、易于自燃的物质、遇水放出易燃气体的物质
第五类	氧化性物质和有机过氧化物
第六类	毒性物质和感染性物质
第七类	放射性物质
第八类	腐蚀性物质
第九类	杂项危险物质和物品

加油站

学习《危险货物包装标志》（GB 190—2009）。

(2) 获取化学品危险/危害信息的途径

① 化学品安全标签　化学品安全标签是用于标示化学品所具有的危险性和安全注意事项的一组文字、象形图和编码组合，它可粘贴、拴挂或喷印在化学品的外包装或容器上。化学品安全标签的标签要素包括化学品标识、象形图、信号词、危险性说明、防范说明、供应商标识、应急咨询电话、资料参阅提示语等八项内容。样例见图 5-2。化学品安全标签的具体要求可参阅《化学品安全标签编写规定》（GB 15258—2009）。

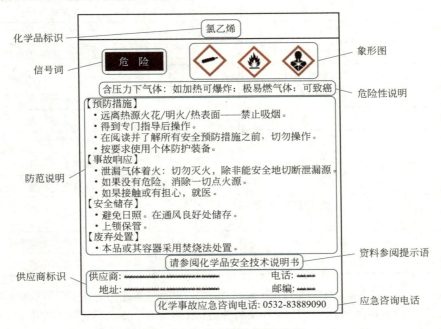

图5-2　化学品安全标签样例

a. 化学品标识　用中文和英文分别标明化学品的化学名称或通用名称。

b. 象形图　用图形表示危险性，9种象形图及其含义见表5-3。

表5-3　象形图及其含义

序号	危险特性	象形图	序号	危险特性	象形图	序号	危险特性	象形图
1	爆炸危险		4	加压气体		7	警告	
2	燃烧危险		5	腐蚀危险		8	健康危险	
3	加强燃烧危险		6	毒性危险		9	危害水环境	

c. 信号词　是表明危险的相对严重程度的词语，包括"危险"和"警告"。

d. 危险性说明　简要概述化学品的危险特性。例如："高度易燃液体和蒸气""遇热可能会爆炸"等。

e. 防范说明　表述化学品在处置、搬运、储存及使用作业中所必须注意的事项和发生意外时简单有效的救护措施等。包括安全预防措施、意外情况（如泄漏、人员接触或火灾等）的处理、安全储存措施及废弃处置等内容。

f. 供应商标识　供应商名称、地址、邮编和电话等。

g. 应急咨询电话　化学品生产商或生产商委托的24h化学事故应急咨询电话。

h. 资料参阅提示语　提示化学品用户应参阅化学品安全技术说明书。

② 化学品安全技术说明书　化学品安全技术说明书（safety data sheet for chemical products，SDS）是化学品生产或销售企业按法律要求向客户提供的文件。作为传递化学品安全信息的最基础的技术文件，它可以保护化学品使用者，为制定化学品安全操作规程提供技术信息，提供有助于紧急救助和事故应急处理的技术信息。如表5-4所示，SDS共包含16项内容。

表5-4　SDS的内容

序号	项目	序号	项目
1	化学品及企业标识	9	理化特性
2	危险性概述	10	稳定性和反应性
3	成分、组分信息	11	毒理学信息
4	急救措施	12	生态学信息
5	消防措施	13	废弃处置
6	泄漏应急处理	14	运输信息
7	操作处置与储存	15	法规信息
8	接触控制和个体防护	16	其他信息

加油站

你知道什么是"重大危险源"吗？

《安全生产法》中重大危险源的定义：长期地或临时地生产、搬运、使用或者储存危险物品，且危险物品的数量等于或者超过临界量的单元（包括场所和设施）。部分物质的临界量如表5-5所示。

表 5-5 危险化学品名称及其临界量（部分）

类别	危险化学品名称和说明	临界量 /t
爆炸品	2,4,6-三硝基甲苯	5
易燃气体	氢	5
毒性气体	光气	0.3
易燃液体	苯	50
易于自燃的物质	烷基铝	1
遇水放出易燃气体的物质	电石	100
氧化性物质	过氧化钠	20
有机过氧化物	过氧乙酸（含量≥60%）	10
毒性物质	异氰酸甲酯	0.75

2. 设备危险

（1）机械伤害　机械设备运动（静止）部件、工具直接与人体接触引起的夹击、碰撞、剪切、卷入、碾等伤害。例如泵轴、传动带等引起的伤害。

（2）触电　触电分为电击和电伤两种。

> **电击**
> • 电流通过人体内部引起的，可感知物理效应，严重时会引起窒息、心室颤动甚至死亡。

> **电伤**
> • 电流的热效应、化学效应、机械效应对人体造成局部伤害。往往在身体表面留下伤痕，如电弧烧伤、电流灼伤、皮肤金属化等。

电气线路设计安装存在缺陷或长时间未检修可能存在绝缘材料老化、漏电、短路等隐患，设备未采取接地或未安装漏电保护装置，人员接触这些设备极易发生触电事故。

（3）承压设备危险　生产、储存装置中使用到一些承压设备，如储罐、反应器、锅炉、压缩气瓶等（见图 5-3），在使用过程中因设备缺陷、附件失灵、操作失误等，均可能导致承压设备爆炸。

储罐　　　反应设备　　　锅炉　　　气瓶

图 5-3　化工常用承压设备

热电厂锅炉、废热锅炉等若因安全装置不全、违章操作、未定期检验合格等原因可能导致锅筒和管道结垢、爆管、满水等危险状态，进而发生锅炉爆炸事故。

3. 火灾爆炸危险

具备一定数量和浓度的可燃物、助燃物和一定能量的点火源是火灾发生须同时具备的三个条件。

（1）可燃物　化工生产、储存区域的大多数原料、产品为易燃物质。其中，易燃气体、蒸气或粉尘能与空气形成爆炸性混合物，有发生爆炸的危险。

可燃气体、蒸气或粉尘与空气（氧）的混合物，达到一定的浓度范围，遇引火源可能发生爆炸，这个浓度范围，称为爆炸极限。遇火源能够发生爆炸的最低浓度，称为爆炸下限；遇火源能发生爆炸的最高浓度，称为爆炸上限。爆炸极限可用于评定气体或粉尘的火灾爆炸危险性大小。爆炸下限越低，爆炸浓度范围越大，发生火灾爆炸的危险性就越大。

> 可燃物的泄漏主要有以下几种原因：
> - 反应釜、储罐由于碰撞、打击、腐蚀穿孔或设备缺陷、破损而泄漏；
> - 由于生产、储运、装卸过程的工艺条件暴露或误操作而泄漏；
> - 设备、管道连接件（如阀门、法兰等）因缺陷或破损而泄漏；
> - 生产设备因温度、压力故障而泄漏；
> - 易燃液体蒸气因受热超压而从安全附件泄漏。

（2）助燃物　通常燃烧过程中的助燃物主要是氧，它包括游离的氧或化合物中的氧。空气中含有大约21%的氧，可燃物在空气中的燃烧是最普遍的。此外，氯、氟、氯酸钾等物质也可作为燃烧反应的助燃物。还有少数可燃物，如低氮硝化纤维、硝酸纤维的赛璐珞等含氧物质，一旦受热，能自动释放出氧，不需要外部助燃物就可发生燃烧。

气焊

电火花

金属摩擦

化学反应热

（3）点火源　点火源主要有明火（如气焊）、电火花、摩擦或撞击火花、静电火花、雷电火花、化学反应热、高温表面等几种形式。

① 明火　生产现场违规使用打火机、吸烟等；设备检修时电、气焊可产生明火；电气线路着火，机动车辆排烟尾气火星。

② 电火花　设备选型不当、防爆等级不符合要求、线路故障等原因产生电火花和电弧，或导线过热造成电气线路火灾。

③ 摩擦或撞击火花　生产及维修过程中的机械撞击、金属摩擦等可产生火花。

④ 静电火花　可燃物料在输送过程中会因摩擦产生静电并积聚静电荷，若未能做好防静电措施，会形成电位差而放电产生静电火花；员工未穿戴防静电服上岗操作也可产生静电火花。

⑤ 雷电火花　生产装置区、储罐、仓库等建构筑物如防雷设施不健全，或防雷设施平时缺乏维护，可能会因接地系统损坏或接地电阻值升高，在雷雨天因落雷击中库房或设备，产生雷电火花，引起雷击危险。

4. 人的不安全行为

人的不安全行为主要是指由于思想麻痹、疏忽大意等思想状态引起的错误操作、错误指挥、违章作业。以下都属于人的不安全行为：

① 人员未经培训或考核不合格单独操作，技术不熟练。

② 人员在仓库搬运桶装物品过程中不遵守操作规程，搬运时在地上滚动等。

③ 在储罐、塔器等高处作业时不正确佩戴安全带。

④ ……

减少或避免因人的不安全行为而造成事故的有效办法是，加强安全培训与安全管理。

5. 环境危害

（1）职业危害因素　化工生产中可能存在粉尘、工业毒物、噪声、高温、辐射等职业危害因素，在工作场所应针对特定的危害做好个体防护。

（2）作业环境不良　地面高低不平，场地狭窄、杂乱，地面无防滑措施，采光不够都可能造成跌伤、扭伤事故；作业场所温度高，环境差，可能造成操作人员反应迟钝或视觉错误，导致误操作而引发其他事故。

（3）标志缺陷　有的场所或设备因无标志、标志不清楚、标志不规范、标志选用不当、位置不当等原因易造成操作失误从而导致事故的发生。化工装置常用标志方法有张贴安全标志、管道识别色等。

① 安全标志　安全标志由图形符号、安全色、几何形状（边框）或文字构成，用以向人员警示工作场所或周围环境的危险状况，表达特定安全信息，指导人们采取合理的行为。安全标志主要分为禁止标志、指令标志、警告标志、提示标志四类。

② 管道识别色　国家标准《工业管道的基本识别色、识别符号和安全标识》（GB 7231—2003）规定了工业管道的基本识别色、识别符号和安全标识，适用于工业生产中非地下埋没的气体和液体的输送管道。根据管道内物质的一般性能，分为八类，并相应规定了八种基本识别色和相应的颜色标准编号及色样（见表5-6）。

表 5-6　八种基本识别色和相应的颜色标准编号及色样

物质种类	基本识别色	色样	颜色标准编号
水	艳绿		G03
水蒸气	大红		R03
空气	淡灰		B03
气体	中黄		Y07
酸或碱	紫		P02
可燃液体	棕		YR05
其他液体	黑		
氧	淡蓝		PB06

学习活动

制作安全标签

1. 活动描述

根据背景资料找出化学品安全标签需填写的信息，完成安全标签制作。

2. 背景资料

（1）氢氟酸安全技术说明书；（2）《化学品安全标签编写规定》（GB 15258—2009）。

3. 活动实施

根据背景资料找出化学品安全标签需填写的信息，完成浓度为 55% 的氢氟酸安全标签制作。

```
┌─────────────────────────────────────────────────┐
│              氢氟酸的化学品安全标签                │
│                                                 │
│                                                 │
│                                                 │
│                                                 │
│                                                 │
│                                                 │
│              请参阅化学品安全技术说明书!          │
│                                                 │
│                                                 │
│     化学品事故应急咨询电话:××××-××××××××         │
└─────────────────────────────────────────────────┘
```

4．评估谈话

（1）你认为化学品安全标签有什么作用？

（2）谈谈化学品安全标签和化学品安全技术说明书的异同点。

（3）化学品有哪些危害形式？你觉得在工作中如何保护自己不受化学品的伤害？

5．活动评价

活动评价表见表5-7。

表5-7 活动评价表

序号	评价项目	评价内容	配分	考核点说明	得分	评价记录
1	标签项目	标签项目齐全	12	需补充的包含信号词、产品标识、象形图、危险说明、防范说明、供应商标识六大组成部分，错一项扣2分		
2	标签内容	信号词	5	根据危险性选择填写正确的信号词		
		产品标识	6	标注物质和浓度，错一项扣3分		
		象形图	9	绘制腐蚀、刺激、有毒三个类别的象形图，错漏一项扣3分		
		危险说明	15	选择合适的危险说明，需涵盖腐蚀性、健康危害和燃爆危害三类信息，错漏一项扣1～5分		
		防范说明	20	需涵盖预防措施、事故响应、安全储存、废气处置四方面，错漏一项扣1～5分		
		供应商标识	12	需涵盖生产企业的名称、地址、邮编、电话，错漏一项扣3分		
3	标签设计	内容布局与设计美观度	6	版面布局合理，图文工整美观		
4	专业谈话	答题准确度	15	少答一题、错答一题扣5分；答题表达准确5分/题，基本准确3分/题，词不达意0分		
	总配分		100	总得分		

巩固练习

1. 企业的安全概况属于（　　）岗前安全培训的内容。
   A．国家级　　　　B．厂级　　　　C．车间级　　　　D．班组级

2. 对调换新工种，复工，采取新技术、新工艺、_____、_____的工人，也必须进行新岗位、新操作方法的安全教育，受教育者经考试合格后，方可上岗操作。

3. 属于《化学品分类和危险性公示 通则》(GB 13690—2009)化学品分类中物理危险的有（　　）。
   A．爆炸物　　　B．吸入危险　　　C．压力下气体　　　D．氧化性液体

4. 写出下列关于甲苯的描述分别属于 SDS 中的哪个项目。

   对皮肤、黏膜有刺激性　　　　　　　　　　　　_____
   提起眼睑，用流动清水或生理盐水冲洗　　　　　_____
   储存于阴凉、通风的库房　　　　　　　　　　　_____
   戴化学安全防护眼镜　　　　　　　　　　　　　_____
   用水灭火无效　　　　　　　　　　　　　　　　_____
   密闭操作，加强通风　　　　　　　　　　　　　_____
   熔点：−94.9℃　　　　　　　　　　　　　　　　_____
   禁忌物：强氧化剂　　　　　　　　　　　　　　_____
   包装类别：Ⅱ类包装　　　　　　　　　　　　　_____
   分子量：92.14　　　　　　　　　　　　　　　　_____

5. 电气线路的（　　）可能引起触电伤害。（多选题）
   A．漏电　　　　B．过载　　　　C．短路　　　　D．绝缘损坏

6. 易燃气体（蒸气）能与空气形成_____，遇点火源有引起燃烧的危险。

7. 请查阅甲烷、氢气、环氧乙烷的爆炸极限，比较这三种物质在相同外界条件下发生爆炸的可能性大小。

8. 观察教学楼或实训场所，寻找五个安全标志，并试着说明张贴安全标志的理由。

序号	位置	安全标志	张贴理由

任务二 劳动防护用品正确选择和穿戴

任务描述

针对化工生产过程中的各类风险,小王需做好相应的个人防护以便在工作中保护自身安全。他要掌握常用劳动防护用品的种类和适用场合,根据工作情境和工作内容选择合适的劳动防护用品并规范穿戴。

学习目标

能列举劳动防护用品的类别。
能简述头部防护用品、呼吸防护用品、眼面部防护用品、听力防护用品、手部防护用品、足部防护用品、躯干防护用品、坠落防护用品的常见类型及主要作用。
能根据特定的工作场景选择合适的劳动防护用品并规范穿戴。
具备自我保护的意识和能力。

第四十五条 生产经营单位必须为从业人员提供符合国家标准或者行业标准的劳动防护用品,并监督、教育从业人员按照使用规则佩戴、使用。

劳动防护用品(personal protective equipment,PPE)是指劳动者在劳动中为防御物理、化学、生物等外界因素伤害人体而穿戴和配备的各种物品的总称。

一、劳动防护用品的分类

依据《用人单位劳动防护用品管理规范》(2018年版),劳动防护用品分为十大类,见表5-8。

表 5-8 劳动防护用品分类

序号	类别	序号	类别
1	头部防护用品	6	足部防护用品
2	呼吸防护用品	7	躯干防护用品
3	眼面部防护用品	8	护肤用品
4	听力防护用品	9	坠落防护用品
5	手部防护用品	10	其他劳动防护用品

学习情境五 安全培训

二、常用劳动防护用品

1. 头部防护用品

（1）常用头部防护用品　常用头部防护用品见表5-9。

表5-9　常用头部防护用品

名称	图片	防护性能说明
一般工作帽		防头部擦伤、头发被绞碾
安全帽		防御物体对头部造成冲击、刺穿、挤压等伤害
防静电工作帽		在可能引发电击、火灾及爆炸危险场所防止静电积聚

（2）安全帽的作用　安全帽可以防止物体打击伤害、防止高处坠落伤害头部、防止机械性损伤、防止污染毛发伤害。安全帽可以在以下几种情况下保护人的头部不受伤害或降低伤害程度：

① 飞来或坠落下来的物体击向头部时；
② 当作业人员从2m及以上的高处坠落下来时；
③ 在低矮的部位行走或作业，头部有可能碰撞到尖锐、坚硬的物体时。

2. 呼吸防护用品

呼吸防护用品是为防御有害气体、蒸气、粉尘、烟、雾从呼吸道吸入，直接向使用者供氧或清洁空气，保证尘、毒污染或缺氧环境中作业人员正常呼吸的防护用品。

（1）呼吸防护方法

① 净气法　使吸入的气体经过滤料去除污染物质获得较清洁的空气，供佩戴者使用。
② 供气法　提供一个独立于作业环境的呼吸气源，通过空气导管、软管或佩戴者自身携带的供气（空气或氧气）装置向佩戴者输送呼吸用气。

（2）常用呼吸防护用品　常用呼吸防护用品见表5-10。

表5-10　常用呼吸防护用品

名称	图片	防护性能说明
防尘口罩		用于空气中含氧19.5%以上的粉尘作业环境，防止吸入一般性粉尘
过滤式防毒面具		利用净化部件的吸附、吸收、催化或过滤等作用除去环境空气中的有害物质
长管式防毒面具		使佩戴者的呼吸器官与周围空气隔绝，并通过长管得到清洁空气供呼吸

续表

名称	图片	防护性能说明
空气呼吸器		防止吸入对人体有害的毒气、烟雾、悬浮于空气中的有害污染物或在缺氧环境中使用

3. 眼面部防护用品

对于在有危害健康的气体、蒸气、粉尘、噪声、强光、辐射热和飞溅火花、碎片、刨屑的场所操作的工人，应配备眼面部防护用品，常用眼面部防护用品见表 5-11。

表 5-11　常用眼面部防护用品

名称	图片	防护性能说明
防化学护目镜		戴在脸上并紧紧围住眼眶，防止有害的化学物质进入眼中
防冲击护目镜		防御铁屑、灰砂、碎石对眼部产生的伤害
防强光、紫（红）外线护目镜或面罩		防止可见光、红外线、紫外线中的一种或几种对眼的伤害
防腐蚀眼镜/面罩		防御酸、碱等有腐蚀性化学液体飞溅对人眼/面部产生的伤害
焊接面罩		防御有害弧光、熔融金属飞溅或粉尘等有害因素对眼睛、面部的伤害

4. 听力防护用品

① 耳塞　可插入外耳道内或插在外耳道的入口，适用于 115dB 以下的噪声环境。缺点是导致耳内空气不流通，容易导致耳内温度提升，对耳朵健康不利。

② 耳罩　耳罩的噪声衰减量可达 10～40dB，适用于噪声较高的环境。耳塞和耳罩可单独使用，也可结合使用。结合使用可使噪声衰减量比单独使用提高 5～15dB。

③ 防噪声头盔　可把头部大部分保护起来，具有防噪声、防碰撞、防寒、防暴风、防冲击波等功能，适用于强噪声环境，如靶场、坦克舱内部等高噪声、高冲击波的环境。

常用听力防护用品见表 5-12。

表 5-12　常用听力防护用品

名称	图片	防护性能说明
耳塞		适用于噪声强度不是特别大的环境，可提供基本的听力保护

续表

名称	图片	防护性能说明
耳罩		适用于长时间在噪声较大的环境中工作的人员使用
防噪声头盔		适用于噪声强度大,且需要头部保护的场合

5. 手部防护用品

化工生产常见手部伤害如下:

① 机械性伤害　由于机械原因造成的创伤性伤害,如割伤、刺伤、撞击伤害、卷进机械中扭伤、压伤等。

② 化学、生物性伤害　当接触到有毒有害、有刺激性的物质,造成皮肤刺痒、发炎、红肿、水疱等。有毒物质通过手部渗入体内还可能对健康造成严重威胁。

③ 电击、辐射伤害　手部受到电击伤害,或是电磁辐射、电离辐射等的伤害,可能会造成严重的后果。此外,手部还可能受到低温冻伤、高温烫伤、火焰烧伤等。

工作时佩戴防护手套可以预防以上伤害,常用防护手套见表 5-13。

表 5-13　常用防护手套

名称	图片	防护性能说明
普通防护手套		防御摩擦和脏污等普通伤害
防化学品手套		具有防毒性能,防御有毒物质伤害手部
耐酸碱手套		在接触酸(碱)时使用,免受酸(碱)伤害
隔热手套		防御手部免受过热或过冷伤害
绝缘手套		使作业人员的手部与带电物体绝缘,免受电流伤害
防静电手套		防止本身静电积聚引起伤害

6. 足部防护用品

化工生产常见的足部伤害如下：

① 物体砸伤或刺伤　物体坠落或尖锐物体散落于地面，可砸伤足趾或刺伤足底。

② 高低温伤害　在冶炼、化工等行业的作业场所，强辐射热会灼伤足部，灼热的物料可落到脚上引起烧伤。在高寒地区冬季户外作业时，足部可能因低温发生冻伤。

③ 化学性伤害　化工、造纸、纺织印染等接触化学品的行业，有可能发生足部被化学品灼伤的事故。

④ 触电伤害与静电伤害　作业人员未穿电绝缘鞋，可能导致触电事故。由于作业人员鞋底材质不适，在行走时可能与地面摩擦而产生静电危害。

化工生产常用防护鞋有一般防护鞋和防化靴两种，如表 5-14 所示。

表 5-14　常用防护鞋

名称	图片	防护性能说明
一般防护鞋		防滑、防静电、耐酸碱、防砸、防穿刺
防化靴		比一般防护鞋有更好的耐腐蚀性能

7. 躯干防护用品

躯干防护用品用于防护身体在工作中不受伤害。腐蚀性化学危险品如果喷溅到人体皮肤上，会引起皮肤的腐蚀性灼伤；有些化学品虽然不具有腐蚀性，但若接触人体会迅速汽化而急剧吸热，使人体皮肤产生冻伤，如石油液化气的液体；有机溶剂通过皮肤被人体吸收后会引起全身中毒，如四氯化碳、苯胺、硝基苯、三氯乙烯、含铅汽油、有机磷等。化工生产人员常用防护服见表 5-15。

表 5-15　常用防护服

名称	图片	防护性能说明
防静电服		能及时消除本身静电积聚危害，在可能引发电击、火灾及爆炸的危险场所穿用
化学防护服		防止危险化学品的飞溅和与人体接触对人体造成的伤害
重型防化服		也叫气密型防化服，是最高级别的化学防护服，与呼吸器配合使用，应用于有毒有害、抢险救援等场合

续表

名称	图片	防护性能说明
防酸碱服		从事酸碱作业的人员穿用,具有防酸碱性能
隔热服		防止高温物质接触或热辐射伤害
阻燃服		采取隔热、反射、吸收、碳化隔离等屏蔽作用,保护劳动者免受明火或热源的伤害

8. 护肤用品

护肤用品是用于防止皮肤(主要是面、手等外露部分)受化学、物理等因素危害的个体防护用品。按照防护功能,护肤用品分为防毒、防腐、防射线、防油漆及其他类。

9. 坠落防护用品

坠落防护用品是防止人体从高处坠落的整体及个体防护用品,主要有安全网和安全带等,其功能说明如表 5-16 所示。

表 5-16 常用坠落防护用品

名称	图片	功能说明
安全网		防止人、物坠落,或用来避免、减轻坠落及物击伤害,分为平网、立网和密目网
安全带		防止高处作业人员发生坠落或发生坠落后将作业人员安全悬挂,常与安全绳、缓冲器、速差自控器等附件配合使用

三、常用劳动防护用品的使用

当工作环境中存在风险因素时,正确使用劳动防护用品,才能有效预防伤害。因此必须确保,选择可靠有效的防护用品、正确使用及维护防护用品、使用者受过足够的训练。

1. 安全帽的佩戴

应调整好松紧大小,以帽子不能在头部自由活动、自身又未感觉不适为宜;栓紧下颚带,当人体发生坠落或二次击打时,不至于脱落;女生佩戴安全帽应将头发放进帽衬。

2. 工作服的穿着

(1)三紧:袖口紧、领口紧、下摆紧。

（2）工作服只在工作期间穿用，不要带回家，以防有害物质扩散。

3. 防护眼镜的佩戴

（1）防护眼镜佩戴时四周要贴合于脸上。
（2）当镜片有裂纹时应停止使用。

4. 防护手套的穿戴

（1）手套尺寸要适当，太紧限制血液流通，太松使用不灵活，且容易脱落。
（2）防化学品手套在使用前必须仔细检查，向手套内吹气，捏紧观察是否漏气，不漏气方可使用。
（3）使用时注意防止尖锐物件刺穿。

5. 半面罩的佩戴

半面罩的佩戴步骤如图5-4所示。
（1）解开头带底部搭扣，将面罩盖住口鼻。
（2）拉起上端头带，使头带舒适地置于头顶位置。
（3）双手在颈后将头罩底部搭扣扣住。
（4）调整头带松紧，将面罩与脸部密合良好。

图5-4　半面罩佩戴步骤

6. 正压式空气呼吸器的构造与穿戴

（1）正压式空气呼吸器的构造　正压式空气呼吸器适用于消防、化工、船舶、石油、冶炼、实验室等领域，使工作人员或抢险救护人员能够在充满浓烟、毒气、蒸汽或缺氧的恶劣环境下安全地进行灭火、抢险救灾和救护工作。正压式空气呼吸器的构造如图5-5所示。

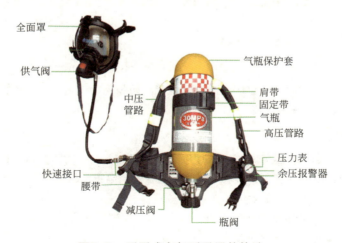

图5-5　正压式空气呼吸器的构造

（2）正压式空气呼吸器的穿戴　为保证紧急情况下的生命安全，必须掌握正压式空气呼吸器的正确使用方法，使用步骤如图5-6所示。

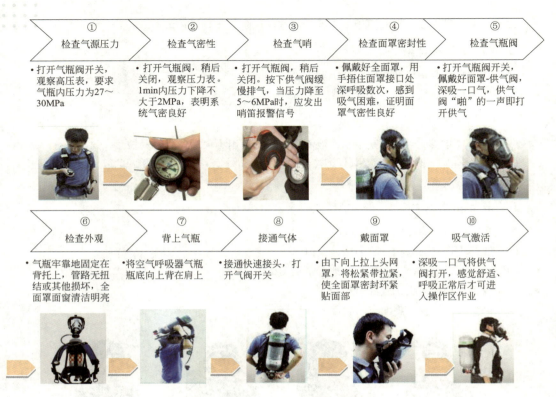

图5-6 正压式空气呼吸器的穿戴方法

1. 使用过程中必须确保气瓶阀处于完全打开状态。
2. 必须经常查看气瓶压力表,一旦指针快速下降或漏气,应立即撤离现场。
3. 使用中听到气哨声后,应立即撤离现场(到达安全区域后迅速卸下面罩)。

四、劳动防护用品的管理与配备

劳动防护用品的管理和配备是安全生产工作中的一个重要组成部分。当管理手段和技术措施不能完全消除生产中的危险和有害因素时,佩戴劳动防护用品成为劳动者抵御事故、减轻伤害、保证个人生命安全健康的最后一道防线。

1. 劳动防护用品的管理

2018年1月,国家安全监管总局办公厅颁布了《用人单位劳动防护用品管理规范》,用于规范用人单位劳动防护用品的使用和管理,保障劳动者安全健康及相关权益。用人单位在劳动防护用品管理方面,主要有以下几点义务:

① 健全管理制度,加强劳动防护用品配备、发放、使用等管理工作。
② 安排专项经费用于配备劳动防护用品。
③ 为劳动者提供符合国家标准或者行业标准的劳动防护用品。
④ 对劳动者进行劳动防护用品的使用、维护等专业知识的培训。
⑤ 车间或班组统一保管公用的劳动防护用品并定期维护。

从业人员在劳动防护用品的使用方面需要做到如下几点：
① 认真参加劳动防护用品的使用、维护等专业知识培训。
② 使用劳动防护用品前进行检查，确保外观完好、部件齐全、功能正常。
③ 作业过程中，按照规章制度和使用规则，正确佩戴和使用劳动防护用品。
④ 妥善保存个人劳动防护用品，及时更换，保证其在有效期内。

2．劳动防护用品的配备

（1）劳动防护用品的选择程序　依据《用人单位劳动防护用品管理规范》，用人单位应按照识别、评论、选择的程序（见图5-7），结合劳动者作业方式和工作条件，并考虑其个人特点及劳动强度，选择防护功能和效果适用的劳动防护用品。

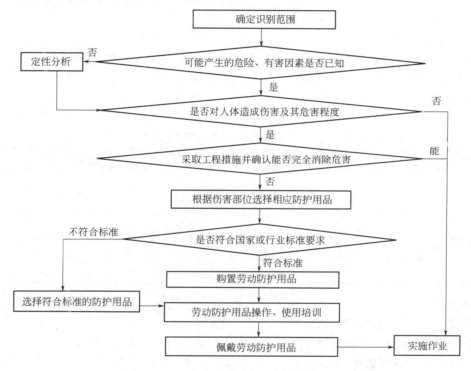

图5-7　劳动防护用品选择程序

（2）劳动防护用品的选配　不同的作业类别存在不同的风险，可能造成特定的事故或伤害，因此每种作业类别都有其适用的劳动防护装备类别。以易燃易爆场所作业为例，该类作业可能造成的事故或伤害类型以及适用的个体防护装备（即劳动防护装备）见表5-17。[摘自《个体防护装备配备规范 第2部分：石油、化工、天然气》（GB 39800.2—2020）]。

表5-17　主要作业类别、可能造成的事故或伤害类型以及适用的个体防护装备（易燃易爆场所作业）

作业类别	说明	可能造成的事故或伤害	适用的个体防护装备	作业举例
易燃易爆场所作业	作业场所存在甲、乙类易燃易爆物质并可能引起燃烧爆炸	火灾、爆炸等	安全帽、防静电工作帽、自给开路式压缩空气呼吸器（正压式空气呼吸器）、自吸过滤式防毒面具、自吸过滤式防颗粒物呼吸器（防尘口罩）、职业眼面部防护具、安全鞋、防静电服、化学防护服、阻燃服、防化学品手套、防静电手套	接触具有爆炸、可燃危险性质化学品、可燃性粉尘的作业（化学品分类参见 GB 13690）

> **拓展阅读**
> 1. 《用人单位劳动防护用品管理规范》（2018 版）；
> 2. 《个体防护装备配备规范 第 2 部分：石油、化工、天然气》（GB39800.2-2020）。

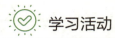

劳动防护用品（PPE）的选择与穿戴

1. 活动描述

根据下列工作情境，选择合适的 PPE，并规范穿戴（提示：可以利用互联网或工具书查找相关化学品的 SDS 详细了解其危险特性和防护要求）。

2. 活动实施

（1）工作情境 1　装置日常巡回检查（装置正常运行过程中巡回检查、记录数据）。

请针对装置日常巡回检查的工作情境，选择合适的 PPE，填写表 5-18，并规范穿戴。

① 风险分析及 PPE 选择

表 5-18　工作情境风险分析及 PPE 选择（一）

序号	存在的风险	需防护的部位	应选择的 PPE

② PPE 穿戴

（2）工作情境 2　硫酸转移（将浓硫酸从小桶倒至大桶）。

请针对硫酸转移的工作情境，选择合适的 PPE，填写表 5-19，并规范穿戴。

① 风险分析及 PPE 选择

表 5-19　工作情境风险分析及 PPE 选择（二）

序号	存在的风险	需防护的部位	应选择的 PPE

② PPE 穿戴

（3）工作情境 3　硫化氢泄漏处理（法兰连接处松动造成轻微泄漏，需紧固螺母）。

请针对硫化氢泄漏处理的工作情境，选择合适的 PPE，填写表 5-20，并规范穿戴。

① 风险分析及 PPE 选择

表 5-20　工作情境风险分析及 PPE 选择（三）

序号	存在的风险	需防护的部位	应选择的 PPE

② PPE 穿戴

3. 评估谈话

（1）为什么本活动的三个工作情境需要穿戴不同的 PPE？每个情境的防护重点是什么？

（2）PPE 的穿戴需要注意哪些方面？

（3）你怎么理解"PPE 是安全防护的最后一道防线"这句话？

4. 活动评价

活动评价表见表 5-21。

表 5-21　活动评价表

序号	评价项目	评价内容	配分	考核点说明	得分	评价记录
1	装置日常巡回检查	风险分析	8	风险分析正确，需防护的部位齐全，错漏一项扣 1 分		
		PPE 选择	4	PPE 选择正确，错漏一项扣 1 分		
		PPE 穿戴	8	PPE 穿戴规范，错误一处酌情扣 1～2 分		
2	硫酸转移	风险分析	10	风险分析正确，需防护的部位齐全，错漏一项扣 1 分		
		PPE 选择	5	PPE 选择正确，错漏一项扣 1 分		
		PPE 穿戴	10	PPE 穿戴规范，错误一处酌情扣 1～2 分		
3	硫化氢泄漏处理	风险分析	10	风险分析正确，需防护的部位齐全，错漏一项扣 1 分		
		PPE 选择	5	PPE 选择正确，错漏一项扣 1 分		
		PPE 穿戴	10	PPE 穿戴规范，错误一处酌情扣 1～2 分		
4	整理整洁	整理整洁	15	活动中保持工位的整洁，所有 PPE 用完后整齐摆放至原位		
5	专业谈话	答题准确度	15	少答一题、错答一题扣 5 分；答题表达准确 5 分 / 题，基本准确 3 分 / 题，词不达意 0 分		
	总配分		100	总得分		

巩固练习

1. 在化工生产过程中，（　　）是保障人身安全的最后一道防线。

A．设备的防护　　B．安全设计　　C．自动控制　　D．劳动防护用品

2．安全帽的用途有（　　）。（多选题）

　　A．防止高空坠物伤害头部　　　　B．防止头部受到机械性损伤

　　C．防止有害物污染毛发　　　　　D．防止人员从高处坠落伤害头部

3．以下哪种属于隔绝式呼吸防护用品？（　　）

　　A．防尘口罩　　B．半面罩　　C．过滤式防毒面具　　D．空气呼吸器

4．工作服的"三紧"指的是_____、_____、_____。

5．在使用防化学品手套前如何检查？

6．请将下列半面罩佩戴步骤按正确的顺序排序：_____。

（1）双手在颈后将头罩底部搭扣扣住

（2）调整头带松紧，将面罩与脸部密合良好

（3）解开头带底部搭扣，将面罩盖住口鼻

（4）拉起上端头带，使头带舒适地置于头顶位置

7．简要描述正压式空气呼吸器的穿戴步骤。

8．查阅《个体防护装备配备规范 第2部分：石油、化工、天然气》（GB 39800.2—2020），为以下作业场所选配合适的劳动防护用品。

（1）有聚丙烯粉尘存在的工作场所：_____。

（2）产生或使用氢氟酸的作业：_____。

（3）在有造粒机和空压机的场所连续工作8h：_____。

（4）操作催化装置中的加热炉：_____。

任务三　灭火器正确选择和使用

任务描述

易燃物质的存在是化工生产的危险特点之一，掌握初期火灾的扑救技能往往可以遏制住一起严重的火灾事故。小王需认识化工生产常用的消防设施，能针对不同的火灾类型，选择和使用适当的灭火器进行初期火灾的扑救。

> **学习目标**
>
> 能概述火灾类别、灭火原理及方法。
> 知晓常用灭火剂和灭火设施，会根据火灾类别选择合适的灭火器并规范使用。
> 具备火灾处理、紧急应变的能力和生命第一、科学施救的思想。

化工行业是发生火灾、爆炸风险较高的行业，一旦发生火灾、爆炸事故，损失大、伤亡大。因此，消防安全一直是化工行业的安全工作重点。

一、火灾分类

根据可燃物的类型和燃烧特性将火灾定义为六个不同的类别，如表 5-22 所示。

表 5-22　火灾分类

类别	图示	可燃物的种类	举例
A 类火灾		固体物质	木材、煤、毛、麻、纸张
B 类火灾		液体或可熔化的固体物质	柴油、甲醇、沥青、石蜡
C 类火灾		气体	天然气、煤气、丙烷、氢气
D 类火灾		金属	钾、钠、镁、铝镁合金
E 类火灾		带电物体	带电燃烧的物体
F 类火灾		烹饪器具内的烹饪物	动植物油脂

二、灭火方法及其原理

为防止火势失去控制，继续扩大燃烧而造成灾害，需要采取以下方法将火扑灭，这些方法的根本原理是破坏燃烧条件。

1. 窒息灭火法

窒息灭火法通过阻止空气进入燃烧区或用惰性气体稀释空气，使燃烧因得不到足够的氧气而熄灭，一般氧浓度低于15%时，就不能维持燃烧。主要有以下措施：

① 用石棉布、浸湿的棉被、帆布、沙土等不燃或难燃材料覆盖燃烧物或封闭孔洞。
② 用水蒸气、惰性气体通入燃烧区域内。
③ 利用建筑物上原来的门、窗以及生产、储运设备上的盖、阀门等，封闭燃烧区。
④ 在条件允许的情况下，采取用水淹没（灌注）的方法灭火。

- 窒息灭火法适用于燃烧空间较小，容易堵塞封闭的房间或设备内发生的火灾，且燃烧区域没有氧化剂存在。
- 采用水淹方法灭火时，必须确保水与可燃物质接触不会产生不良后果。
- 必须在确认火已熄灭后，方可打开孔洞进行检查。严防因过早打开封闭的房间或设备，导致"死灰复燃"。

2. 冷却灭火法

可燃物一旦达到燃点，即会燃烧或持续燃烧。冷却灭火法是将灭火剂直接喷洒在燃烧着的物体上，将可燃物质的温度降到燃点以下（可燃液体降到闪点以下）以终止燃烧的灭火方法。也可将灭火剂喷洒在火场附近未燃的易燃物上起冷却作用，防止其受辐射热作用而起火。冷却灭火法是一种常用的灭火方法。

 加油站

你知道"燃点"和"闪点"的区别吗？

燃点又叫着火点，是指可燃性液体表面上的蒸气和空气的混合物与火接触而发生火焰能持续燃烧不少于5秒时的温度。

闪点又叫闪燃点：是指可燃性液体表面上的蒸气和空气的混合物与火接触而初次发生闪火时的温度。同一种可燃液体闪点温度比着火点温度低些。

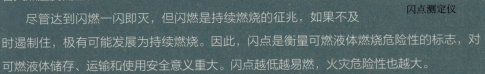

闪点测定仪

尽管达到闪燃一闪即灭，但闪燃是持续燃烧的征兆，如果不及时遏制住，极有可能发展为持续燃烧。因此，闪点是衡量可燃液体燃烧危险性的标志，对可燃液体储存、运输和使用安全意义重大。闪点越低越易燃，火灾危险性也越大。

3. 隔离灭火法

隔离灭火法即将燃烧物质与附近未燃的可燃物质隔离或疏散开，使燃烧因缺少可燃物质而停止。隔离灭火法也是一种常用的灭火方法。这种灭火方法适用于扑救各种固体、液体和气体火灾。

隔离灭火法常用的具体措施有：
① 将可燃、易燃、易爆物质和氧化剂从燃烧区移出至安全地点。
② 关闭阀门，阻止可燃气体、液体流入燃烧区。
③ 用泡沫覆盖已燃烧的易燃液体表面，阻止可燃蒸气进入燃烧区。
④ 拆除与燃烧物相连的易燃、可燃建筑物。
⑤ 用水流或用爆炸等方法封闭井口，扑救油气井喷火灾。

2020年1月14日下午，广东某公司发生爆炸。救援过程中事故现场可燃物管道的阀门无法正常关闭，消防员决定采取手动救援。据悉，每个阀门需要转动100圈才能关闭。最终，4名消防员耗时约5小时，将60余个阀门成功关闭，防止了明火进一步扩散。最终，明火被扑灭，无人员在此次事故中伤亡。消防员在处置上述事故期间，为了控制泄漏的可燃物，采取关闭管道阀门的措施，采用的便是隔离灭火法。

4. 化学抑制灭火法

化学抑制灭火法是使灭火剂参与到燃烧反应中去起到抑制反应的作用。具体就是燃烧反应中产生的自由基与灭火剂中的卤素离子相结合，形成稳定分子或低活性的自由基，从而切断了氢自由基与氧自由基的连锁反应链，使燃烧停止。窒息、冷却、隔离灭火法，在灭火过程中，灭火剂不参与燃烧反应，属于物理灭火方法。而化学抑制灭火法则属于化学灭火方法。

上述四种灭火方法所对应的具体灭火措施是多种多样的，很多情况下采用几种方法结合的方式；在灭火过程中，应根据可燃物的性质、燃烧特点、火灾大小、火场的具体条件以及消防技术装备的性能等选择合适的灭火方法。

三、灭火剂和灭火器

1. 常用灭火剂

（1）水　水是应用最广泛的天然灭火剂，灭火作用和原理见表5-23。

表5-23　水的灭火作用和原理

灭火作用	灭火原理
冷却作用	水的比热容很大，当水与燃烧物接触时，会吸收大量热量，使其冷却
窒息作用	水遇到炽热燃烧物而汽化产生大量水蒸气，隔绝空气
乳化作用	喷雾水扑救非水溶性液体火灾时，可在表面形成一层由水和非水溶性液体组成的乳状物，从而减少可燃液体的蒸发量
水力冲击作用	在机械作用下，高压的密集水流强烈冲击燃烧物和火焰，冲散并减弱燃烧强度而达到灭火目的

① 金属钾、钠、镁、铝粉、电石、过氧化钠、生石灰等物质能与水发生化学反应，产生大量热，使火势更大，甚至会发生爆炸。

② 相对密度比水小的易燃液体如汽油、苯、环乙烷等着火，若大量的水冲到这些液体上，会使液体外溢，扩大火势。

③ 烧红的金属件若用水冷却，水会被金属件分解，产生易燃的氢气和助燃的氧气，或骤然产生大量的蒸汽而引起爆炸。

④ 电气设备或带电系统着火，不能用水扑灭，因为水导电。

（2）泡沫灭火剂　泡沫灭火剂是指能与水混溶，并通过化学反应或机械方法产生灭火泡沫的药剂。按泡沫生成机理分为化学剂和空气机械剂两类。由两种药剂水溶液通过化学反应产生的灭火泡沫称化学剂；用机械方法把空气吸入含有少量泡沫液的水溶液中产生的灭火剂称空气机械剂。

（3）干粉灭火剂　干粉灭火剂是一种干燥的、易于流动的固体粉末，一般借助于灭火设备中的气体压力将干粉从容器喷出，以粉雾形态扑救火灾。干粉灭火剂可分为普通干粉、多用干粉和专用干粉三大类。

普通干粉(BC)	多用干粉(ABC)	专用干粉(D)
● 基料：碳酸氢钠(钾) ● 适用于：易燃液体、可燃气体、带电设备起火	● 基料：磷酸铵盐 ● 适用于：可燃固体、可燃液体、可燃气体、带电设备起火	● 基料：氯化钠、氯化钾、氯化钡、碳酸钠等 ● 适用于：轻金属起火

（4）二氧化碳灭火剂　二氧化碳是一种不可燃不助燃的惰性气体，且价格低廉易于液化，便于灌装和储存，是一种常用的灭火剂。二氧化碳灭火剂的主要灭火原理是窒息作用。此外，二氧化碳灭火剂以液态形式储存在灭火设施中，当二氧化碳喷出时，汽化吸收燃烧物的热量，能起到冷却作用。

2. 常用灭火剂的选择

遇到火情需根据着火物质选择合适的灭火剂。各种灭火剂的适用场合见表 5-24。

表 5-24　灭火剂的适用场合

灭火剂种类	灭火种类				
	木材等一般火灾	可燃液体		带电设备火灾	金属火灾
		非水溶性	水溶性		
直流水	适用	不适用	不适用	不适用	不适用
泡沫灭火剂	适用	适用	不适用	不适用	不适用
二氧化碳	一般不用	适用	适用	适用（高压不适用）	不适用
钾盐、钠盐干粉	一般不用	适用	适用	适用	不适用
碳酸盐干粉	适用	适用	适用	适用	不适用
金属火灾用干粉	不适用	不适用	不适用	不适用	适用

3. 灭火器的使用

（1）常用的灭火器

① 干粉灭火器　使用方便、有效期长，BC 型干粉灭火器适用于扑救各种可燃气体、液体以及电气设备火灾。ABC 型干粉灭火器还可以用于可燃固体火灾，专用干粉灭火器还可以扑救轻金属火灾。

② 泡沫灭火器　适用于扑救各种油类火灾和木材、纤维、橡胶等固体可燃物火灾。

③ 二氧化碳灭火器　灭火性能高，灭火后不留痕迹，使用比较方便。它适用于各种易燃、可燃液体和可燃气体火灾，还可扑救仪器仪表、图书档案和低压电气设备以及 600 伏以下的电器初起火灾。

图5-8　手提式灭火器

除了常用手提式灭火器（如图 5-8 所示）外，在日常或工业生产场所，还有推车式灭火器、半固定式灭火设施、固定式灭火设施等大中型灭火设施（如图 5-9 所示），往往装填的灭火剂更多，压力更大，应用于火势范围较大的场合。

图5-9　常见大中型灭火设施

（2）灭火器的使用方法

① 灭火器的使用步骤　以干粉灭火器为例，如图 5-10 所示，手提式灭火器有以下几个使用步骤：

图5-10　手提式干粉灭火器的使用步骤

② 灭火器使用注意事项

a. 灭火时需站在上风方向，距着火点 3～5m。

b. 干粉灭火器使用前需用力上下摇晃几下，防止干粉结块。

c. 二氧化碳灭火器不能直接用手抓住金属连接管，防止手被冻伤；在室内窄小空间使用的，灭火后操作者应迅速离开，以防窒息。

（3）灭火器的日常维护　灭火器应设置在位置明显和便于取用的地点，且不得影响安全疏散。灭火器摆放应稳固，其铭牌应朝外，灭火器箱不得上锁。不应设置在潮湿或腐蚀性地点，必要时应有保护措施。

灭火器需定期检查压力表（如图5-11所示）和有效期，过期后要及时到有相关资质的单位更新灭火剂。

红色区：表示灭火器内压力过小，不能喷出。应该到正规的消防器材店重新充装。

绿色区：表示压力正常，可以正常使用。

黄色区：表示灭火器内压力过大，有爆裂的危险，也需重新充装。

图5-11　灭火器压力表

 学习活动

灭火器的选择与使用

1. 活动描述

某化工企业常减压车间一高压配电柜因线路老化发生火情，热感与烟感报警器报警，请利用所学知识完成初期火灾的扑救。

2. 活动实施

（1）火灾类别判断　根据火灾分类方法，该火灾属于_____类火灾。

（2）灭火器选择与使用　根据任务情境，为了快速扑灭工作站初期火灾，请选择正确的灭火器，并按照正确的步骤进行扑救。

①你所选择的灭火器是（　　）。

A. 干粉灭火器　　　B. 泡沫灭火器　　　C. 二氧化碳灭火器　　　D. 水型灭火器

②写出灭火器的使用步骤：

a. _____；

b. _____；

c. _____；

d. _____；

e. _____。

③利用选择的灭火器，到火灾现场（模拟）完成扑救作业。

3. 评估谈话

（1）高压电气火灾为什么不能使用水作为灭火剂？

（2）谈谈初期火灾扑救的重要性。

（3）如果初期火灾扑救失败，你该怎么做？

4. 活动评价

活动评价表见表5-25。

表 5-25　活动评价表

序号	评价项目	评价内容	配分	考核点说明	得分	评价记录
1	火灾类别判断	根据活动描述正确判断火灾类别	5	火灾类别填写正确，错误不得分		
2	灭火器选择	根据火灾类型选择正确的灭火器	5	灭火器选择答题正确，错误不得分		
		实物选取正确	5	实物选取正确（种类、压力、有效期），错误不得分		
3	灭火器使用	步骤填写正确	15	步骤填写正确，错漏一步酌情扣 1～3 分		
		操作步骤正确	25	严格根据操作步骤执行，错漏一步扣 5 分		
		灭火操作规范	15	人员站位正确（上风向），与火源距离恰当，灭火剂喷向火源根部，错误一项扣 5 分		
4	现场整理	物品复位	10	活动所用物品归位整齐，每个点 2 分，未归位不得分		
		环境整洁	5	地面整洁、打扫工具摆放整齐，每个点 1 分，不整洁不得分		
5	专业谈话	答题准确度	15	少答一题、错答一题扣 5 分；答题表达准确 5 分/题，基本准确 3 分/题，词不达意 0 分		
	总配分		100	总得分		

巩固练习

1. 石蜡着火属于（　　）类火灾。
   A. A　　　B. B　　　C. C　　　D. D

2. 阻止空气进入燃烧区或用惰性气体稀释空气，使燃烧因得不到足够的氧气而熄灭的灭火方法是（　　）。
   A. 冷却法　　B. 隔绝法　　C. 窒息法　　D. 抑制法

3. 不属于物理灭火方法的是（　　）。
   A. 冷却法　　B. 隔绝法　　C. 窒息法　　D. 抑制法

4. 化工生产中常用的惰性介质有（　　）（可多选）。
   A. 氮　　　　B. 二氧化碳　　C. 水蒸气
   D. 烟道气　　E. 一氧化碳　　F. 二氧化氮

5. 为下列物质（场所）着火选择适用的灭火器。

物质（场所）	适用的灭火器
金属钠	
精密仪器	
图书馆	
仓库油桶	
高压配电房	

6. 二氧化碳灭火器使用时需注意防止_____和_____危险。

7. 水不能用于扑救哪些种类的火灾？

8. 请在校园寻找一个手提式干粉灭火器，填写下表。

位置	有效期	类型	适用场合	压力表读数	压力是否正常

文本文件资源

教学视频动画资源

学习情境六
化工装置体验

情境描述

小王跟着师父来到了聚氨酯装置现场。师父给小王详细介绍了聚氨酯装置操作人员岗位职责及生产工艺流程,小王深知必须要掌握装置设备及仪表知识,精通工艺流程及原理,才能胜任操作工作。在熟悉了工作环境后,他明确了奋斗目标:一定要拿下这套装置。

任务一　化工装置辨识

子任务一　化工典型设备辨识

任务描述

小王将要到聚氨酯装置上从事生产工作。他认真学习了化工典型设备的结构及工作原理，并在师父的带领下到装置现场进一步了解了这些机械设备的工作过程，初步对生产中常见的机械设备故障做出判别和排查。

学习目标

知晓化工机械的分类，能列举化工装置中常见的设备。

能概述典型动设备、静设备的结构、特点、工作原理及使用场合。

能现场辨识化工典型设备，并结合工艺生产过程概述设备功能。

能结合现场设备情况，初步判断设备故障。

正确穿戴劳动防护用品，遵守实训现场文明规范，具备良好的团队协作精神。

化工过程中将原料加工成一定规格的成品，需要经过原料预处理、化学反应及产物分离等一系列加工过程，实现这些过程所用的机械，一般称为化工设备。例如：反应器提供物料反应的场所，通过管道连接，并利用阀门及配件进行开启或闭合；输送设备——泵，经由管道将物料送入其他设备；电动机，提供必需的能量；测量仪表、分析仪表、控制仪表，测量、显示、监控和联锁保护过程量。而所有这些设备的总和又称作"生产装置"或者"化工装置"。

化工生产中使用的各种机械设备一般包括两类，一类是依靠特定的机械结构等条件让物料通过机械内部而"自动"完成工作任务的静止设备，也称静设备；另一类是依靠自身的运转进行工作的转动设备，称动设备。通常，我们将化工机械分为静设备和动设备两大类。静设备是指作用部件是静止的或配有少量运动的机械，如反应类设备（反应釜、分解塔、合成塔、变换炉等）、换热类设备（热交换器、冷凝器、冷却器、蒸发器、余热锅炉等）、分离类设备（分离器、洗涤塔、过滤器、精馏塔、吸收塔、干燥塔等）、存储类设备（各种形式的储罐等）等。动设备是指主要部件是运动的机械，如泵、压缩机、风机、搅拌机、离心分离机等。

下面我们来认识一下化工生产中的典型设备。

一、电动机和传动箱

化工生产中，许多设备连有电动机及预先连接的传动箱。电动机提供用于输送物料、产生压力、真空及驱动设备零件的驱动能量。它的结构主要包括转子、定子与绕组、轴、风扇等，如图6-1所示。电动机可以将电能转换成动能，附装在电动机上的传动箱将电动机产生的转速和转矩转换成机泵、风机、各类压缩机、液压系统等动设备适用的转速和转矩。

学习情境六　化工装置体验

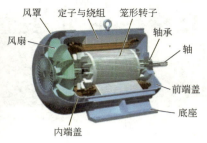

图6-1 电动机和传动箱

二、泵

自来水怎样送上高楼？怎样抽干容器内的水？

液体从高处往低处流凭借自身的势能，而从低处提升到高处就得依靠泵！

泵是输送流体或使流体增压的机械。在化工和石油部门的生产中，原料、半成品和成品大多是液体，而将原料制成半成品和成品，需要经过复杂的工艺过程，泵在这些过程中起到了输送液体和提供动能及压力能的作用。根据泵的工作原理和结构，泵主要分为叶片式泵、容积式泵和其他类型泵（射流泵、电磁泵、水锤泵）等。下面主要介绍一下离心泵和往复泵。

1. 离心泵

离心泵为目前工业上应用非常广泛的一种泵。它的结构主要包括螺旋形泵壳、叶轮、泵轴、轴封、轴承等，如图6-2所示。液体通过泵体吸入口进入泵内，由旋转叶轮加速到环形轨道上，通过离心力作用，液体从旋转轴径向向外流动，进入螺旋形集流管，通过压力接管（泵体排出口）进入输送管道。

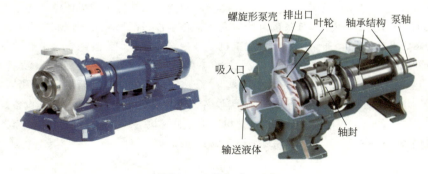

图6-2 单级离心泵

离心泵有不同的结构形式和尺寸，可以满足几乎所有的输送任务。可在扬程（压力）较小时输送较大的液体流量，如化工生产中常用于迅速地加注和倒空容器、用于泵输送废水等。此外，离心泵因结构紧凑，构造相对简单，且无往复式运动的零件，因此相较与其他类型的泵，磨损点少。

练一练

离心泵的启动和停运

离心泵启动时，必须按照以下顺序执行操作程序：
① 关闭出口闸阀。
② 打开泵的入口闸阀，排出泵内存气，使泵体内充满液体。
③ 接通电动机电源，开泵。
④ 缓慢打开压力出口闸阀，直至达到全部输送流量。

离心泵停止运行时，同样必须执行以下规定的操作顺序：
① 缓慢关闭压力出口闸阀。
② 切断电动机电源，停泵。
③ 关闭吸入闸阀。

2. 往复泵

往复泵属于容积泵，由于泵缸中主要工作部件的运动是往复式的，因此称为往复泵。按照往复元件，往复泵可以分为活塞泵、柱塞泵和隔膜泵。其结构主要包括泵缸、往复工作元件（活塞、柱塞或隔膜）、吸入阀、排出阀和驱动机等，见图6-3。它的工作过程是依靠活塞、柱塞或隔膜在泵缸内的往复运动改变工作容积，工作容积交替地增大和减小，从而达到输送流体使之增压的目的。

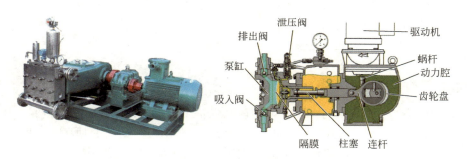

图6-3　往复泵

往复泵一般用于输送排量相对较小、压力较高的液体。活塞泵主要用于给水，如手动活塞泵是应用较广的家庭生活水泵；柱塞泵用于提供高压液体，如水压机的高压水供给。它们都可以用于石油矿场高压下输送高黏度、大密度和高含砂量的液体。隔膜泵特别适用于输送有剧毒、放射性、腐蚀性的液体、贵重液体和含有磨砾性固体的液体。

三、往复式活塞压缩机

压缩机是一种将低压气体提升为高压气体的从动的流体机械，也被称为压气机，一般提供3～1000bar及更高的压力。往复式活塞压缩机是多种压缩机类型中比较常见的一种，它由主机系统和辅机系统两部分组成。主机系统包括机身、中体、传动部分、气缸组件、活塞组件、气阀、密封组件、驱动机等；辅机系统包括润滑系统、冷却系统、气路系统及控制系统等。一台在化工装置中普遍使用的对称平衡型往复式活塞压缩机如图6-4所示。它的工作过程是活塞由活塞杆带动在气缸内做往复运动，活塞两侧的工作腔容积大小轮流做相反变化，容积减小一侧气体因压力增高通过气阀排出，容积增大一侧因气压减小通过气阀吸进气体，传动部件用以实现往复运动。

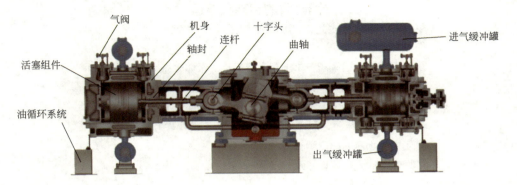

图6-4　往复式活塞压缩机

压缩机按工作原理分为速度式和容积式。往复式活塞压缩机具有使用压力范围广，且在等转速下排气压力波动时排气量基本保持不变，压缩效率较高，适应性强，压比高、易操作，排气量范围较广，可达到很高的压力等优点；缺点就是受到往复运动惯性力的限制，转速不宜过高，易损件较多，维修量大，排气存在脉动现象。

（1）冰箱是如何保鲜的？
（2）空调是如何运转的？
（3）它们的工作过程是怎样的？

四、储罐

储罐是用以保存物料、中间存放物料和保持储量的设备，保证存储足量的原料、中间产品、产品以供使用。常见储罐（卧式）结构如图6-5所示，主体结构由两端椭圆形封头、圆柱形筒体、活动鞍座及人孔组成，按工艺需要其内部可添加内梯、支撑部件、出液口防涡器等部件。人孔及内梯是检维修进入储罐内部的通道；支撑部件用来固定插入管，防止其受冲击变形或折断；出液口防涡器可以阻止出液口形成漩涡夹带气体，防止离心泵发生气缚抽空现象。此外，储罐上配有各种辅助设备，如液位计、压力表、安全阀等。

图6-5　储罐

按照储罐的形式可将其分为立式储罐、卧式储罐。按照储罐的材质可将其分为金属储罐，如碳钢储罐、不锈钢储罐、铝储罐等；非金属储罐，如塑料储罐、陶瓷储罐、玻璃钢储罐等；复合储罐，如钢衬四氟储罐、钢衬聚乙烯储罐、钢衬聚烯烃储罐等。

加油站

储罐使用注意事项

① 对储存可燃气体、易燃液体的储罐，应配备必需的消防设备，严禁在罐内吸烟、明火照明、取暖，以及将其他火源带入罐区内。

② 对存储易燃、易爆、有毒、有腐蚀性介质的储罐，应严格执行危险品管理的有关规定。

③ 储罐检验和修理前必须切断与储罐有关的电气设备的电源，必须办理设备交接手续。

④ 储罐内部介质排尽后，应关闭进出阀或加设盲板隔断与其连接的管道和设备，并设有明显的隔断标志。

⑤ 对于盛装易燃、有腐蚀性、有毒或窒息性介质的储罐，必须经过置换、中和、消毒、清洗等处理，并在处理后进行分析检验，分析结果应达到有关规范、标准的规定。具有易燃介质的严禁用空气置换。

⑥ 罐内作业必须办理罐内作业许可证。因故较长时间中断继续作业，应重新补办罐内作业许可证。

⑦ 在进入罐内作业三十分钟前要取样分析，其氧含量应在 19.5% ～ 21%（体积分数）。

⑧ 进入罐内清理有毒、有腐蚀性的残留物时，要穿戴好劳动防护用品。

⑨ 需要搭制的脚手架及升降装置，必须牢固可靠，在作业中严禁内外抛掷材料工具，以保安全作业。

⑩ 罐内照明应使用电压不超过 12V 的防爆灯具。

⑪ 罐内需动火时，必须办理动火证。

⑫ 罐内作业必须设监护人，并有可靠的联络措施。

⑬ 竣工时检修人员和监护人员共同检查罐内外，经确认无疑，监护人在罐内作业许可证上签字后，方可封闭各人孔。

⑭ 试压后放水时，必须连通大气，以防抽真空。

五、反应釜

搅拌反应釜在化工行业中应用非常广泛，它用于液体的化学反应和混合。在其中进行的反应和混合过程一般属于间歇操作。

搅拌反应釜的结构如图 6-6 所示，主要包括带有拱形底和盖板的容器、搅拌装置和搅拌器等。盖板上接管的作用是将其他组分物料加入容器及用于引入传感器和电流干扰发生器;容器外的加热套可以实现用蒸汽(或其他热介质)加热或盐水(或其他冷却介质)冷却物料;搅拌器在尽可能短的时间内强力混合不同的物料,一般搅拌器轴通过传动箱、联轴器与驱动电动机相连。

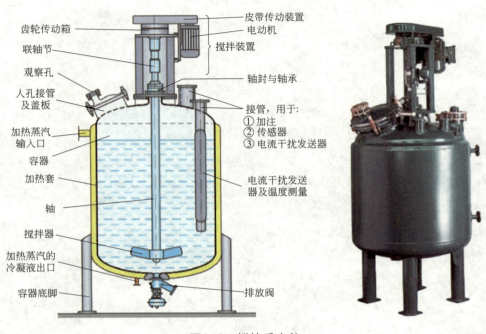

图6-6 搅拌反应釜

搅拌反应釜根据生产运行条件和物料性质选用不同的材质。常见的材质有碳钢、不锈钢(耐腐蚀)、玻璃钢等;具有腐蚀性物料的反应,可以使用内部上釉或其他具有防腐蚀内衬的容器。

六、精馏塔

精馏塔是进行精馏的一种塔式气液接触传热传质装置。精馏是利用混合物中各组分具有不同的挥发度,实现分离的目的。精馏装置结构如图6-7所示,它主要包括精馏塔、再沸器、冷凝器、回流罐、泵等设备与工艺管道。精馏塔中的主要分离过程是混合液体加热到沸点后由精馏塔的中部进料,塔中向上流动的蒸气与向下喷洒的液体进行物料交换,混合液被分离出向上流出的轻组分和向下流出的重组分。例如,在精馏塔中将石油分离成不同的石油产品,包括汽油、煤油、燃油、柴油、沥青等。

精馏塔一般可分为两类,即板式塔和填料塔。板式塔中的塔板有泡罩板、筛板、浮阀板、网孔板等几种,板式塔中气液两相总体上作多次逆流接触,每层板上气液两相一般作交叉流。填料塔中的填料有拉西环填料、鲍尔环填料、格栅填料、波纹填料等几种,填料塔中气液两相作连续逆流接触。

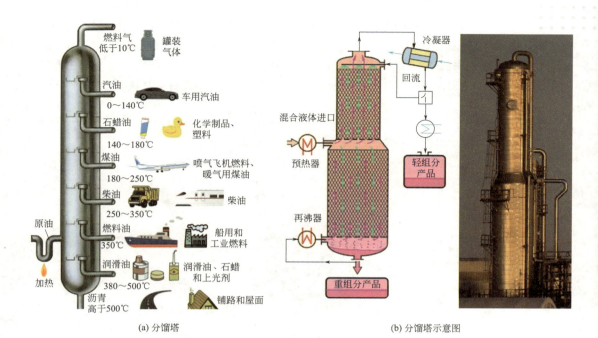

(a) 分馏塔　　　　　　　　　　　　(b) 分馏塔示意图

图6-7　精馏装置

七、换热器

换热器用于将热量从热流体传递给冷流体，又称热交换器。一种简单形式的管壳式换热器如图6-8所示，它主要包括壳体、管束、管板和进出口等部分。管壳式换热器内有两种流体，流体1在管外流动（行程为壳程），通过折流挡板围绕管子多次转向，交替地沿管束方向做与管束交叉的流动；流体2在管束内流动（行程为管程）。管束的壁面为两种流体的传热面，流体在换热器内实现热交换。

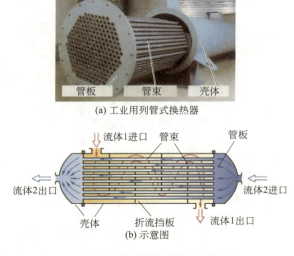

(a) 工业用列管式换热器

(b) 示意图

图6-8　管壳式换热器

换热器的种类较多,但最常见和使用最广泛的是列管式换热器,又称管壳式换热器,按照结构又细分为固定管板式换热器、U形管式换热器、浮头式换热器、填料函式换热器。我们在化工装置中还能看到夹套式、板式等其他形式的换热器。换热器的应用非常广泛,常见于化工生产中,如原料进入反应器之前需预加热至反应的温度;反应产物需冷却至合适的温度等。

图 6-9 为带夹套的反应釜,它是如何加热釜内液体物料的?

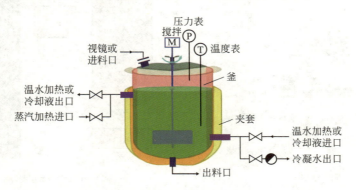

图6-9 带夹套的反应釜

八、过滤设备

过滤设备的任务是将悬浮液分离成清澈的液体和弥散的固体。过滤设备按照操作方式分为间歇过滤机和连续过滤机。

板框式压滤机是一种常用的间歇式过滤设备,结构如图 6-10 所示,它由许多块带凹凸纹路的滤板与滤框交替排列组装而成,主要包括滤板、滤框、夹紧机构、机架等。板框压滤机的工作过程包括装合、过滤、洗涤、卸饼、清理。悬浮液在指定压强下送进滤浆通道,由通道流进每个滤框里;滤液分别穿过滤框两侧的滤布,沿滤板板面的沟道至滤液出口排出;颗粒被滤布截留而沉积在滤布上,待滤饼充满全框后,停止过滤。

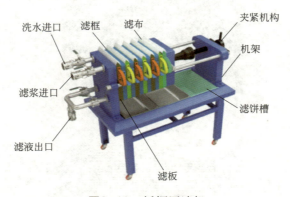

图6-10 板框压滤机

烛式过滤机是一种常用的连续式过滤设备,结构如图 6-11 所示,它是一种密闭式、多滤芯、通过 PLC 实现自动控制的压力式过滤装置,主要由容器、滤芯、PLC 控制系统和排污吹扫等辅助系统组成。烛式过滤机的工作过程是 PLC 控制过滤器实现进液、构建滤饼层、过滤、排液、反吹脱饼、排饼、清洗等，实现全自动连续化操作。悬浮液由滤芯外侧流经过滤层进入滤芯内筒形成滤清液，滤清液汇入到总管内；浆液中固体物质则在滤层外表面集聚成滤饼层，滤饼层进一步提高过滤精度，确保滤清液的工艺质量标准。

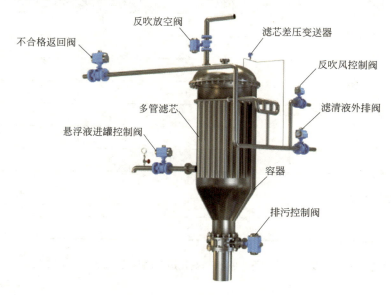

图6-11　烛式过滤机

介质的化学反应，由_____提供符合反应条件要求的空间；质量传递通常在_____中完成；热量传递一般在_____中进行；能量转换由_____装置承担。

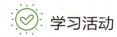

常见化工设备故障及处理方法。

学习活动

现场辨识化工设备

1. 活动描述

请根据设备结构、功能、特点等，在中试装置上完成设备辨识任务。并按要求填写设备名称、设备位号、设备功能及进出设备物料的状态等。

2. 安全提示

（1）进入实训室必须正确穿戴好劳动防护用品。

（2）严禁在实训场所嬉戏打闹和使用手机，不得随意跨越管道。

（3）遵守文明参观、操作的要求，不得随意开关阀门、按钮和操作装置设备。

（4）整个装置认知过程保持现场整洁。

3. 活动实施

（1）人员分工　请分小组完成设备辨识任务，建议4～5人/组。

（2）设备辨识 根据现场装置辨识设备并挂牌，填写表6-1。

表 6-1 设备及功能

设备名称	位号	主要功能	进出设备物料状态变化描述

（3）试结合物料的走向及在装置设备中的状态变化过程阐述工艺流程（拓展）。

_____
_____
_____
_____

（4）完成现场整理

4．评估谈话

（1）在装置现场参观或操作要做好个人防护。在本次认知实操中，你认为要做哪些方面的个人防护工作？为什么？

（2）本装置中动设备有哪些？静设备有哪些？

（3）你认为现场装置中存在哪些安全隐患？该如何杜绝呢？

（4）现场设备是否要做日常维修维护？从哪些方面做？

（5）本次装置设备认知，你有哪些收获？

5．活动评价

活动评价表见表6-2。

表 6-2 活动评价表

序号	评价项目	评价内容	配分	考核点说明	得分	评价记录
1	安全防护与准备	劳动防护用品选择及穿戴	5	劳动防护用品选择正确并穿戴规范，每个点1分，不超过5分		
		安全须知的阅读与确认	5	安全须知的阅读与确认		
2	工作过程	主要设备识别	50	名称识别错误或者少识别1类扣10分，最多扣50分		
			10	数量少1个扣2分，最多扣10分		

续表

序号	评价项目	评价内容	配分	考核点说明	得分	评价记录
3	现场整理	使用工具复位	10	挂牌等工具归位整齐，每个点 1 分，未归位不得分		
		环境整洁	5	地面整洁、打扫工具摆放整齐，每个点 1 分，不整洁不得分		
4	专业谈话	答题准确度	15	少答一题、错答一题扣 5 分；答题表达准确 5 分 / 题，基本准确 3 分 / 题，词不达意 0 分		
	总配分		100	总得分		

注：以上考核点中每个点的分值设定可以结合装置实际情况做调整。

巩固练习

1. 请阐述化工生产中常见设备的功能特点，完成下表。

设备名称	功能
电动机和传动箱	
泵（离心泵、往复泵）	
压缩机	
储罐	
反应器（搅拌反应釜）	
精馏塔	
换热器	
过滤设备	

2. 常见的泵有哪些？试阐述离心泵、往复泵的工作过程，并说明它们适用的场合。
3. 想一想：如果在入口闸阀关闭时启动离心泵，或者在运行中关闭了该阀门，泵会产生什么现象？如果在离心泵出口闸阀打开时启动离心泵，会有什么后果？
4. 试阐述压缩机的工作过程。
5. 试阐述间歇操作中常用的搅拌釜反应器的结构特点。
6. 按照受压大小，可将储存容器分为哪几类？
7. 用于混合物分离的设备有哪些？它们分别可用于哪些混合物的分离？
8. 试简述换热器的结构特点，并说出列管式换热器实现热交换的过程。

子任务二　化工管路及阀门辨识

任务描述

化工装置管路错综复杂。小王知道作为一名化工操作工必须熟悉管路的构成，了解管路的连接方式，认识阀门和读懂铭牌标识，并能初步对生产中常见的管路故障进行判别和排查。

> **学习目标**
>
> 知晓化工管路的构成，了解管子、管件及阀门的种类及功能。
> 能概述常见阀门的结构、工作原理及适用场合，会现场辨识阀门。
> 能列举化工管路的连接方式，会现场辨识管件及管路连接方式。
> 能结合现场管路情况，初步判断管路故障。
> 正确穿戴劳动防护用品，遵守实训现场文明规范，具备良好的团队协作精神。

管路是由管路组成件和管路支承件组成，化工生产中所有的管路，统称为化工管路。化工管路是化工生产装置重要的组成部分，生产中各种流体（气体或液体）的输送、分配、混合、计量、控制等，全靠管路形成通道，设备与设备间的连接也要用管道来"搭桥"，所以人们常将管路比喻为化工厂的"血脉"。

一、管子、管件和阀门

化工管路是化工企业输送流体的通道，主要由管子、管件和阀门三部分构成，还包括一些附属于管路的管架、管卡、管撑等附件。

1. 管子的种类

管子是管路的要件，生产中使用的管子按管材不同可分为金属管、非金属管和复合管。

管子的规格一般用"φ外径×壁厚"（钢管）表示，例如$\varphi32×2.5$，即此管的外径为32mm，管壁的厚度为2.5mm。管子的长度有3m、4m和6m，有些可达9m、12m，但以6m最为普遍。

（1）金属管　主要有以下几种：

① 铸铁管　铸铁管是用铸铁浇铸成型的管子。可分为普通铸铁管和硅铁管。普通铸铁管常用于水管道、煤气管道和室内排水管道；硅铁管因其有很好的耐蚀性能，在化工生产中应用广泛。

② 钢管

a. 有缝钢管　有缝钢管又称焊接钢管，一般由易焊接的碳素钢制造。可分为水、煤气钢管和电焊钢管两大类。有缝钢管比无缝管容易制造，价廉，但由于接缝的不可靠性（特别是经弯曲加工后），故只广泛用于压力较低和危险性较小的介质，如水、煤气、压缩气体、蒸汽、油等流体。

b. 无缝钢管　无缝钢管是由整块金属制成的，表面上没有接缝的钢管。可分为热轧无缝钢管和冷拔无缝钢管两类。化工生产中应用广泛，主要用于高压和较高温度的介质输送，或作为换热器和锅炉的加热管，及强腐蚀性介质和可燃可爆介质的输送等。

c．其他金属管

i．紫铜管与黄铜管　主要用于化工厂的某些特殊生产工艺，如深度冷冻和空分设备需要使用紫铜管和黄铜管。紫铜管适用于低温管路和低温换热器的列管；黄铜管多用于海水管路。

ii．铝管　铝管是拉制而成的无缝管，主要用来输送浓硝酸、乙酸、甲酸等，但不能用来输送碱液，也不能在压力条件下使用。

iii．铅管　对硫酸有良好的耐蚀性，广泛用于硫酸工业，但因强度低、密度大、抗热性差，逐渐被耐酸合金和塑料管代替。

（2）非金属管

① 陶瓷管　耐腐蚀性强，除氢氟酸外，通常用于输送工作压力为 0.2MPa 及温度在 423K 以下的腐蚀性介质；但承压能力低、性脆易碎。

② 玻璃管　具有耐蚀、清洁、透明、易清洗、流体阻力小、价格低廉等优点；但性脆、热稳定性差、耐压力低，容易损坏。

③ 塑料管　常用塑料管有硬聚氯乙烯塑料管、酚醛塑料管和玻璃钢管等。其特点是质量轻，耐腐性，表面光滑，流体阻力小，维修方便，热塑性塑料可任意弯曲或延伸以制成各种形状，应用广泛。

④ 橡胶管　天然或人造橡胶与填料（硫黄、炭黑和白土）的混合物加热硫化后制成的。只能作临时性管路及某种管路的挠性连接，如接煤气、抽水等；不得作永久性的管路。

想一想

橡胶制品具有弹性好、耐磨、强度高等优点，为何不能用于永久性的管路？

⑤ 水泥管　多用于下水道污水管。

（3）复合管　由金属与非金属两种材料复合得到的管子。通常在一些管子的内层衬以适当材料，如金属、橡胶、塑料、搪瓷等而形成。

选用目的：为了增加强度和防腐、节约成本等。

2．管件的种类

管件是管路的重要零件，其功能在于：连接管子、改变管径、变更方向、引出支管及封闭管路等。

化工管路中常见的管件有弯头、异径管、三通管、四通管、接头、法兰、管帽、丝堵、盲板、膨胀节、挠性接头等。

① 弯头　弯头根据角度可分为 45°、90° 和 180° 三种。它们实现了管道流体流向的改变。

　　45°弯头　　　　90°弯头　　　　180°弯头

② 异径管　异径管又称大小头，异径管的作用顾名思义就是用于连接不同直径的管子。异径管分为同心异径管（同心大小头）和偏心异径管（偏心大小头）两类。

　　同心异径管　　偏心异径管

同心异径管有利于流体流动,在变径的时候对流体流态的干扰较小,气体和垂直流动的液体管道使用同心异径管变径。

偏心异径管由于一侧是平的,利于排气或者排液,因此水平安装的管道一般用偏心异径管。偏心异径管的管口切点向上时,称为顶平安装,一般用于泵入口,目的是防止泵产生气蚀和使泵入口管道不存在气袋。切点向下称为底平安装,一般用于调节阀的安装,便于调节阀组倒淋排放;此外管道内介质易结晶的水平管道,选择底平异径管,有利于介质的排出。

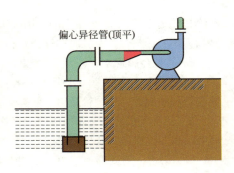

偏心异径管(顶平)

想一想

泵的水平入口管变径时,应该选用偏心大小头。当管道从下向上水平进泵时,大小头应选取_____(顶平/底平);当管道从上向下水平进泵时,大小头应选取_____(顶平/底平),大小头应靠近泵入口嘴处布置。

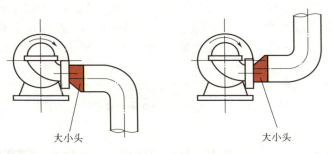

③ 三通、四通　用于引出支路的三通、四通,根据不同需求还有各种变形产品,例如 Y 形三通、异径三通等。

三通　　四通

Y形三通　　异径三通

④ 接头、法兰　该类管件都用来直线连接两个公称通径相等的直管、管件或阀门。

法兰　　活接头　　内接头(螺纹)　　外接头(螺纹)　　外接头(承插)　　内外丝

⑤ 管帽、丝堵、盲法兰　该类管件用于封闭管端。管帽又名盖头,通过焊接在管端或连接在管道外螺纹上实现管道的封闭。丝堵用于堵塞内螺纹管道。盲法兰用来封闭法兰连接的管道。

管帽　　　丝堵　　　盲法兰

⑥ 盲板　盲板包括一个金属圆盘和两个密封件，用螺栓固定在法兰接头中。用于管路的完全隔断，它能切断两边的管路，防止物料窜流。适用于检修、更换流程等场合。

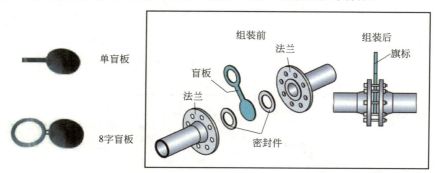

⑦ 膨胀节　膨胀节也叫补偿器或伸缩节。由构成其工作主体的波纹管（一种弹性元件）、端管、支架、法兰、导管等附件组成。膨胀节是为了补偿因温度差与机械振动引起的附加应力，而设置在容器壳体或管道上的一种挠性结构，用来补偿容器或管道因热胀冷缩引起的轴向位移、横向与角向位移，与动设备相连接时可降噪减振。

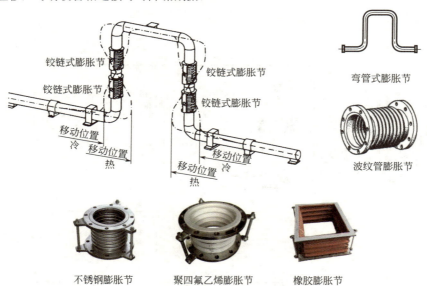

⑧ 挠性接头　在化工生产中，为了减振而连接设备进出口和管道的橡胶管件。一般用于大型水泵、制冷机、空压机等高频振动设备，此外在石油机械领域也有广泛的应用。

3. 认识常见阀门

阀门是管道重要的组成部分，在流体输送系统中起到控制介质流动的作用。

(1) 作用与功能　具有截断、调节、导流、止回、稳压、分流或泄压保证安全等功能。

(2) 选用原则

① 工作介质与工作参数。

② 流体特性（腐蚀性、含有固体颗粒、黏度大小等）。

③ 功能（切断、调节）。

④ 阻力损失。

(3) 常见阀门

① 闸阀

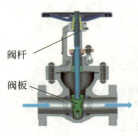

又称为闸板阀、水门。
用于对管路中工作介质作截止启闭，通常用于不需要经常启闭，保持闸板全开或全闭的工况。
特点：闸阀安装长度较小，无方向性；
全开启时介质流动阻力较小；
密封性能较好；
加工较截止阀复杂，密封面磨损后不便于修理。

② 截止阀

主要用来切断介质通路，也可调节流量，适用于各类流体工作介质管道，截止阀具有方向性。
特点：截止阀制造简单，价格较低，调节性能好；
安装长度大，流体阻力较闸阀、球阀大；
密封性较闸阀差，密封面易磨损，但其修理容易。

③ 球阀

主要用于管道的切断、分配和改向。
特点：开关迅速，操作方便，旋转90°即可开关；
结构简单，零件少，重量轻，密封面不易损伤；
流体阻力小，不能用来调节流量；
适用于低温、高压及黏度较大的介质和要求开关迅速的管道部位。

④ 其他阀门　见表6-3。

表6-3 其他阀门

阀门	名称	适用场合
	蝶阀	用于低压介质管道或低压差高压管道的截断、调节或截断兼调节
	单向阀	只允许介质单向流动，介质流向相反时，阀门会自动关闭
	减压阀	主要用于流体按设定要求减压，并将此压力稳定在一定的范围内
	疏水阀	主要用于排出蒸汽管路内及各蒸汽容器中的冷凝水，也是阻止蒸汽通过的一类自动阀件

加油站

常见阀门故障及处理方法（见表6-4）。

表6-4 常见阀门故障及处理方法

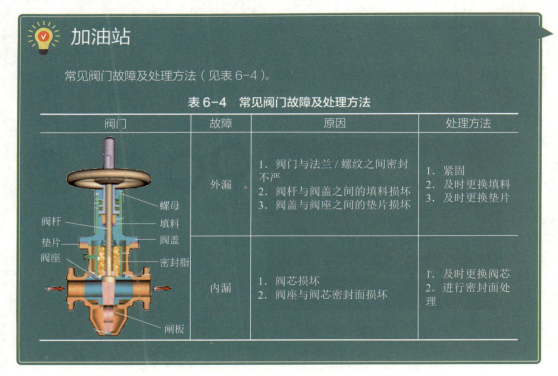

阀门	故障	原因	处理方法
	外漏	1. 阀门与法兰/螺纹之间密封不严 2. 阀杆与阀盖之间的填料损坏 3. 阀盖与阀座之间的垫片损坏	1. 紧固 2. 及时更换填料 3. 及时更换垫片
	内漏	1. 阀芯损坏 2. 阀座与阀芯密封面损坏	1. 及时更换阀芯 2. 进行密封面处理

二、管路的连接方式

管路的连接是指按照设计图，将已经预制好的管段、管件、阀门、设备等连接成一个完整的管路系统。在管道工程施工中，根据管子的材质选择不同的连接方法。常见管路的连接方式有螺纹连接、法兰连接、承插连接、焊接、热熔连接等。

1. 螺纹连接

螺纹连接又称丝扣连接。螺纹连接是一种广泛使用的可拆卸的固定连接，是用管道螺纹连接件（带螺纹的弯头、三通、四通、管道、管帽、内外螺纹接头等）、丝扣阀门等将带螺纹接头的管子连接成一体。

图6-12 化工管路中的螺纹连接

（1）连接特点 连接简单，装拆方便，成本低。
（2）适用范围 适用于水煤气管、小直径水管、压缩空气管及低压蒸汽管路等。
注意：不宜用于易燃、易爆和有毒介质的管道。

2. 法兰连接

法兰连接又称突缘连接或接盘连接。法兰连接就是把两个管道、管件或器材，先各自固定在一个法兰盘上，然后在两个法兰盘之间加上法兰垫，最后用螺栓将两个法兰盘拉紧使其紧密结合起来的一种可拆卸的接头。在化工生产中应用极为广泛。

图6-13 化工管路中的法兰连接

（1）连接特点 装卸方便、密封可靠、结合强度高等，其缺点是费用较高。
（2）法兰密封 在两法兰之间添加适当的密封垫片，并用螺栓将两法兰拧紧。
法兰密封有全平面、突面、凹凸面、榫槽面、环连接面等几种形式。全平面密封法兰适用于低压管路连接；突面、凹凸面、榫槽面、环连接面密封法兰都可用于高压管路连接。
（3）适用范围 适用于各种温度、压力条件的工作介质，法兰材质覆盖各类金属、非金属、复合材料，各行各业的工艺设备与管道广泛采用法兰连接。

3. 承插连接

承插连接又称套接连接。承插连接是通过将一根管子或管件的末端（插口）精确地插入另一件的承口内，接着在两者之间的环隙填充密封材料以确保接头密封稳固的连接形式，主要用于带承插接头的铸铁管、混凝土管、陶瓷管、塑料管等。承插连接分为刚性承插连接和柔性承插连接两种。

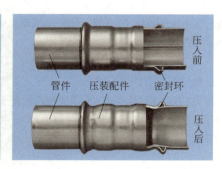

图6-14 化工管路中的承插连接

（1）连接特点　安装较方便，允许各管段的中心线有少许偏差，管路稍有扭曲时，仍能维持不漏；但难于拆卸，不能耐高压。

（2）适用范围　压力不大的上、下水管路。

4. 焊接

焊接也称作熔接、镕接。焊接是一种以加热、高温或者高压的方式结合金属或其他热塑性材料如塑料的制造工艺及技术。

图6-15 化工管路中的焊接连接

（1）连接特点　成本低、方便、不漏。
无论是钢管、有色金属管及聚氯乙烯管均可焊接。

（2）适用范围　各种规格管道的连接，凡是不需要拆装的地方，都可以采用焊接。

加油站

普通钢管可采用螺纹连接、焊接和法兰连接；无缝钢管、有色金属及不锈钢管多为焊接和法兰连接；铸铁管多采用承插连接，少数采用法兰连接；塑料管多采用螺纹连接、粘接和热熔连接等。其他非金属管连接又有多种形式。

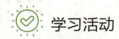

现场辨识管路及阀门

1. 活动描述

请根据化工管路及阀门结构、功能、特点等,在中试装置上完成管件、阀门、连接方式辨识任务,并按要求填写名称、数量、特性参数、功能等。

2. 安全提示

(1)进入实训室必须正确穿戴好劳动防护用品。

(2)严禁在实训场所嬉戏打闹和使用手机,不得随意跨越管道。

(3)遵守文明参观、操作的要求,不得随意开关阀门、按钮和操作装置设备。

(4)整个装置认知过程保持现场整洁。

3. 活动实施

(1)人员分工 请分小组完成辨识任务,建议 4~5 人/组。

(2)管件辨识 根据现场装置识别管件,填写表 6-5。

表 6-5 管件及功能

管件名称	数量	功能

(3)阀门辨识 根据现场装置识别阀门并挂牌,填写表 6-6(根据实际情况可增添阀门种类)。

表 6-6 阀门

图片	名称	数量	DN/mm	PN/MPa

续表

图片	名称	数量	DN/mm	PN/MPa

（4）连接方式辨识　根据现场装置识别管路的连接方式，填写表 6-7。

表 6-7　管路的连接方式

连接方式	适用场合

（5）完成现场整理

4. 评估谈话

（1）在本次认知实操中，你认为要做哪些方面的防护工作？为什么？
（2）总管路上安装了何种阀门？可以替换为其他阀门吗？
（3）截止阀在结构上有什么特点？它的适用场合是什么？
（4）球阀的适用场合是什么？
（5）你发现本装置中应用较多的管路连接方式是什么？它们应用在什么场合？
（6）该装置管路中存在哪些安全隐患？试说明并思考处理方法。

5. 活动评价

活动评价表见表 6-8。

表 6-8　活动评价表

序号	评价项目	评价内容	配分	考核点说明	得分	评价记录
1	安全防护与准备	劳动防护用品选择及穿戴	5	劳动防护用品选择正确并穿戴规范，每个点 1 分，不超过 5 分		
		安全须知的阅读与确认	5	安全须知的阅读与确认		
2	工作过程	管件识别	10	名称识别错误或者少识别 1 类扣 1 分，最多扣 10 分		
			10	数量少 1 个扣 0.5 分，最多扣 10 分		
		阀门识别	10	名称识别错误或者少识别 1 类扣 1 分，最多扣 10 分		
			10	数量少 1 个扣 0.5 分，最多扣 10 分		
		连接方式识别	10	名称识别错误或者少识别 1 类扣 2 分，最多扣 10 分		
			10	数量少 1 个扣 0.5 分，最多扣 10 分		

续表

序号	评价项目	评价内容	配分	考核点说明	得分	评价记录
3	现场整理	使用工具复位	10	挂牌等工具归位整齐,每个点1分,未归位不得分		
		环境整洁	5	地面整洁、打扫工具摆放整齐,每个点1分,不整洁不得分		
4	专业谈话	答题准确度	15	少答一题、错答一题扣5分;答题表达准确5分/题,基本准确3分/题,词不达意0分		
	总配分		100	总得分		

注:以上考核点中每个点的分值设定可以结合装置实际情况做调整。

巩固练习

1. 流体输送是实现化工生产的重要环节,必须根据被输送流体的性质和状况选择合适的管道,试说出醋酸的输送应该采用何种材质的管道以确保安全。

2. 铝管多用于耐腐蚀性介质管道,可用其输送的介质有( )。
   A. 浓硝酸   B. 醋酸   C. 盐酸   D. 碱

3. 请说出常见管件的类型和功能,完成下表。

管件名称	功能
弯头	
三通、四通	
异径管	
接头、法兰	
堵头	
盲板	
膨胀节	
挠性接头	

4. 请说出以下偏心异径管的安装是否正确。

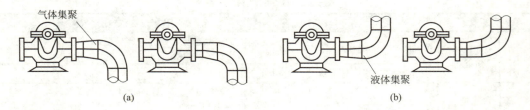

(a)   (b)

5. 请辨识下列阀门。

图片	名称	图片	名称

续表

图片	名称	图片	名称

6. 请写出以下阀门的性能特点及适用场合。

名称	性能特点					适用场合
	方向性 （有/无）	流体的切断 （可/不可）	流量调节 （可/不可）	流动阻力 （大/小）	用于迅速 开关	
闸阀						
截止阀						
球阀						

7. 想一想

（1）如果截止阀安装方向反了，会有什么后果？

（2）闸阀和球阀均用于介质的切断，不可用于流量的调节。既然两者的性能特点相似，那么，球阀与闸阀可以替换使用吗？

8. 请阐述管路中常见的连接方式及使用场合，完成下表。

连接方式	适用场合

9. 聚丁烯管管道连接时采用的连接方式是（　　）。

　　A．法兰连接　　B．螺纹连接　　C．热熔连接　　D．电熔合连接

子任务三　化工测量仪表辨识

任务描述

小王知道担任装置外操工作时，需要跟内操员及时沟通装置现场的运行情况。他认真学习了化工仪表基础知识，认识了常见的测量仪表并会识读测量数值，能结合测量数值对现场机械设备及仪表的运行状况进行分析，并能初步对常见的仪表故障做出判别和排查。

知晓温度、压力、物位、流量的基本概念，能进行单位换算。

能概述常见检测仪表的结构、工作原理及适用场合，会现场辨识仪表。

能结合巡检要求识读和记录化工工艺参数值。

能结合现场仪表情况，初步判断和分析常见仪表故障。

正确穿戴劳动防护用品，遵守实训现场文明规范，具备良好的团队协作精神。

任何一个化工生产过程都必须在规定的温度、压力、物位、流量等工艺参数下进行，才能保证产品的产量和质量。测量仪表是现代化工生产的眼睛，通过运用各类测量仪表，如温度测量仪表、压力测量仪表、物位测量仪表、流量测量仪表等，实现对化工工艺参数的测量。

一、温度测量

1. 温度

温度表示物料的冷热状态，它是化学反应中的决定性状态值。因此，温度测量是化工生产中的一个常见测量任务。

温度常用温标即测量温度的标尺来表示。

（1）摄氏温标　规定在标准大气压下，水的冰点是0℃，沸点是100℃，冰点与沸点之间分为100等份，每一分度被称作1摄氏度（简写为1℃）。

以℃为单位的温标符号是 t，例如 $t=25℃$。

（2）开氏温标　开氏温标即开尔文温度标尺。规定分子运动停止时的温度为绝对零度，记作0K（零开尔文）。在标准大气压下，水的冰点是273.15K，沸点是373.15K，冰点和沸点之间相差100K，每一分度被称作1开尔文（简写为1K）。开氏温标在自然科学领域和物理领域应用广泛，尤其用作气体温度单位。

以K为单位的温标符号是 T，例如 $T=345.15K$。

摄氏温标的冰点和沸点之间的间距是100个单位，这与开氏温标完全相同。因此温度单位1℃和温度单位1K的值是相同的，即利用摄氏温标和开氏温标说明的两个温度之间的差值是相同的数字值。

摄氏温标值和开氏温标值的起始数字不同。因此利用摄氏温标（℃）和开氏温标（K）为单位说明的温度值是不同的数字值。为了将摄氏温度值换算成开氏温度值或者从开氏温度值换算成摄氏温度值，可以利用下面提供的换算公式。

摄氏温标与开氏温标的转换：
$T=(273.15+t/℃)K$
$t=(T/K-273.15)℃$

在技术计算时，换算公式中常使用取整的值，即 –273℃。

练一练

与 326K 对应的摄氏度是多大值？
多少开氏度等于 –32℃？

（3）华氏温标　华氏温标规定在标准大气压下，水的冰点为 32 °F，沸点为 212 °F，冰点和沸点之间分为 180 等份，每一分度被称作 1 华氏度，简写为 1 °F。

摄氏温标与华氏温标的转换：
$F=(\dfrac{9}{5}t/℃+32)°F$

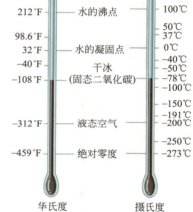

2. 温度测量仪表

（1）机械式温度测量仪表

① 液体膨胀温度计　测量一定量的液体在温度变化时的体积变化。常见的液体膨胀温度计有水银温度计（量程跨度是 –35～600℃）、填充乙醇的温度计（量程跨度是 –70～70℃），为了防止破碎，多装有金属套管。

② 膨胀弹簧管温度计　是将一种液体或者气体封闭在测量导管中，并通过金属毛细管与显示设备的弹簧管相连，当温度升高时测量导管中的压力升高，该压力传送进弯曲的弹簧管并改变弹簧的弯曲度，将这一变化传输至指针并在刻度盘上显示出温度的变化（见图 6-16）。膨胀弹簧管温度计的量程跨度是 –200～800℃。

图 6-16　膨胀弹簧管温度计

③ 双金属片温度计　是根据两种不同金属对温度有着不同热胀冷缩系数，双金属片的弯曲程度与温度的高低有对应的关系，双金属片的弯曲程度来指示温度。如图 6-17 所示，将一片薄薄的铜片和锌片轧制在一起，形成双金属片。因为这两种金属的热胀冷缩程度不同，所以在温度升高或者降低时双金属片弯曲。

109

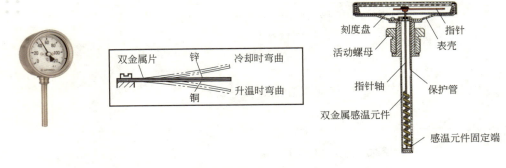

图6-17　双金属片温度计

(2) 带电输出信号的温度测量仪表

① 热电阻温度计　它的测量原理是专用金属线圈的电阻随着温度变化发生成比例的变化。常用的测量电阻是铂金属丝电阻器，如 Pt100，是指在温度为 0℃ 时的标称电阻是 100Ω。图 6-18 为热电阻温度计。

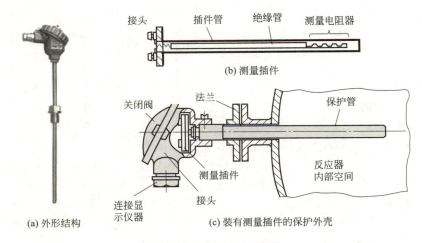

图6-18　热电阻温度计

② 热电偶温度计　两种不同成分的导体（称为热电偶丝材或热电极）两端结合成回路，当结合点的温度不同时，在回路中就会产生电动势（热电势），这种现象称为热电效应。热电偶就是利用这种原理进行温度测量的，其中，直接用作测量介质温度的一端叫作测量端（热端），另一端叫作参比端（冷端）。冷端与显示仪表或配套仪表连接，显示仪表会指出热电偶所产生的热电势，从而得知温度大小。在因为量程过大（最大值 850℃）不能使用电阻式温度计的时候，可以使用热电偶。热电偶的温度量程跨距为 $-180 \sim 1800℃$。图 6-19 为热电偶温度计。

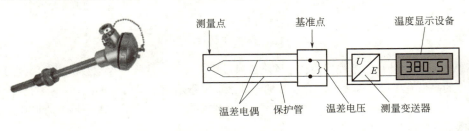

图6-19　热电偶温度计

③ 红外线温度计　简称 IR 温度计或者高温计。它是利用自然界中每个物体都在不停地向周围空间发出红外辐射能量，通过对物体自身辐射的红外能量的测量，便能准确地测定它的表面温度的测量原理。红外线温度计的温度量程跨度为 -50 ～ 3000℃。图 6-20 为红外线温度计。

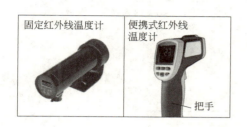
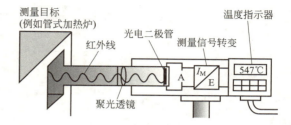

图6-20　红外线温度计

二、压力测量

1. 压力

（1）压力的定义及单位　压力（P）表示垂直且均匀作用于单位面积上的力（F）。

$$P = \frac{F}{A}$$

如图 6-21 所示，力 F 通过截面面积为 A 的活塞作用于封闭的气体上，由此在其中产生压力 P。

力的单位是牛顿（N），面积的单位是 m^2，所以压力单位为 N/m^2，它被称作帕斯卡（单位符号 Pa）。

在技术中可以使用更大的压力单位，如千帕（kPa）、兆帕（MPa）、巴（bar），压力较小时使用毫巴（mbar）。

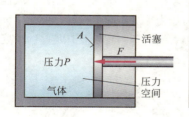

压力单位换算：

$1\dfrac{N}{m^2} = 1Pa$；$10^6 Pa = 1MPa = 10bar$

$10^3 Pa = 1kPa = \dfrac{1}{100} bar = 10mbar$

图6-21　压力的原理图

（2）压力的表示方法　大气压力（P_a）是受大气层自身重力产生的作用于物体上的压力。

绝对压力（P_{abs}）是相对于真空空间的零压力的压力，表示物体所受到的实际压力。

相对压力（P_e）是指以大气压力作为基准所表示的压力。由于大多数测压仪表所测得的压力都是相对压力，故相对压力也称表压。

真空度（P_v）又称负压力，是指处于真空状态下的气体稀薄程度。真空度数值表示系统压力实际数值低于大气压力的数值。

图 6-22 为压力关系图。

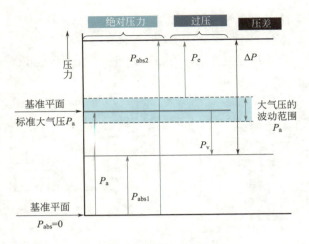

图6-22 压力关系图

压力之间的关系：
① 两个压力 P_1 和 P_2 之间的差值叫作压差，$\Delta P = P_1 - P_2$，或者称作差压 $P_{1,2}$。
② 绝对压力大于大气压 P_a 时，差值 P_e 是表压，$P_e = P_{abs} - P_a$。
③ 绝对压力小于大气压 P_a 时，差值 P_v 为真空度，$P_v = P_a - P_{abs}$。

2. 压力测量仪表

化工生产中，由于各种工艺设备和测量仪表通常是处于大气之中，本身承受着大气压力，所以工程上经常用压力测量仪表测量表压或真空度的大小。压力检测仪表具有指示、记录、报警、远传、控制等功能，根据其敏感元件和转换原理的特性不同，可以分为以下几类：

（1）液柱式压力计　液柱式压力计是根据流体静力学原理，利用液柱所产生的压力与被测压力平衡，并根据液柱高度来确定被测压力大小的压力计。一般采用水银或水为工作液，如U形管、单管或斜管进行测量。液柱式压力计结构简单，灵敏度和精确度都高，常用于实验室检定和校验其他类型的压力计。

（2）弹性式压力计　弹性式压力计（见图6-23）是以弹性元件为敏感元件，测量并指示高于环境压力的仪表，应用极为普遍。其工作原理是表内的敏感元件（弹簧管、膜片、膜盒、波纹管等）受压后发生弹性形变，再由表内机芯的转换机构将压力形变传导至指针，引起指针转动来显示压力。弹性式压力计结构简单、使用可靠、读数清晰、测量范围宽以及有足够的精度，因此是工业上应用最为广泛的测压仪表之一。图6-24为弹簧管压力计。

  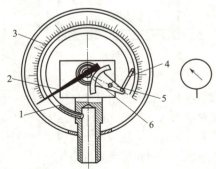

图6-23　弹性式压力计

图6-24　弹簧管压力计
1—弹簧弯管；2—指针；3—刻度盘；
4—连杆；5—齿扇；6—小齿轮

（3）电测式压力计　电测式压力计的敏感元件一般也是弹性元件，通过进一步将弹性元件感受到的位移变化转换为与压力相对应的电信号输出。该仪表的测量范围广，可测量 $7×10^{-5}Pa \sim 500MPa$ 的压力；还可以实现远距离传送信号，在工业生产过程中可以实现压力自动控制和报警，可实现与工业控制设备联合使用。图6-25为电容式压力变送器。

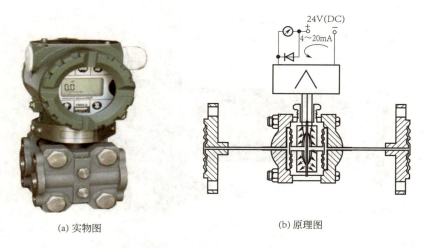

图6-25　电容式压力变送器

三、物位测量

1. 物位

（1）物位的定义　物位指容器中或工业设备中物料的位置和高度，包括液位、界位和料位。

① 液位　指液体介质液面（气液分界面）的高度。

② 界位　指两种密度不同且互不相溶的液体的分界面的高度。

③ 料位　指固体块、散粒、粉末等物质的堆积高度。

（2）物位的表示方法及单位　容器中的物位测量包括测量容器中的液体、液体分界面或者散装物料的高度。物位一般用长度单位或者百分数来表示，如毫米（mm）、厘米（cm）、百分比（%）。

（3）物位测量的目的　依据测量的高度 h 和容器的几何尺寸在仪表内部完成容器（塔器、储罐、搅拌容器和筒仓）中物料体积 V 或者质量 m 的计算，并指示体积值或者质量值。根据生产要求可以在容器中储存一定量的原料或按比例混合用于反应的物料；也可以通过检测容器内介质的物位，调节容器中流入与流出物料的比例，使它保持在工艺要求的高度上，以保证产品的产量、质量和生产安全。在物位测量时设置最高物位和最低物位（上限和下限，见图6-26），超过或者低于这些极限物位时，它对泵或者排空阀门及配件发送控制信号，同时产生声频信号或者报警。

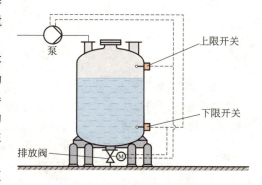

图6-26　物位上限与下限

2. 物位测量仪表

物位测量仪表的种类很多，按其测量原理不同可分为直读式、差压式、浮力式等类型。图 6-27 为化工装置中的各种物位计。

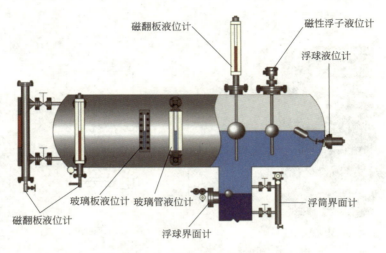

图6-27 化工装置中的各种物位计

(1) 直读式液位计 直读式液位计是一种结构简单、显示直观的测量仪表，它利用连通器的原理，将容器中的液体引入带有标尺的观察管中，通过标尺读出液位高度。常见的有玻璃管液位计、玻璃板液位计（见图 6-28），适用于压力不高，现场就地指示的液位测量。

图6-28 玻璃管（板）液位计

(2) 差压式液位计 差压式液位计根据流体静力学原理进行液位测量。如图 6-29 所示，静止介质内某一点的静压力（P_A）与介质上方自由空间压力（P_B）之差与该点上方的介质高度（H）成正比。测量时一般将差压变送器的一端接液相，另一端接气相。差压式液位计在工业上应用非常广泛，可用于敞口或密封容器中液位的测量。

(3) 浮力式液位计 浮力式液位计是依据力平衡原理，利用漂浮于液面上的浮子（球）跟随液位的变化而产生位移或未完全浸沉于液体中的浮筒所受的浮力随液位的变化而变化的原理进行液位测量。常见的浮力式液位计有磁翻板式液位计、浮球式液位计、浮筒式液位计等（见图 6-30 ~ 图 6-32）。磁翻板式液位计、浮球式液位计具有结构简单、价格低廉的特点，常用于储罐的液位测量；浮筒式液位计可连续测量敞口或密闭容器中的液位、界位，可用于需液位的远传显示、控制的场合。

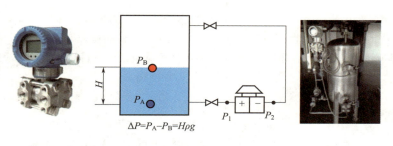

图6-29　差压式液位计

图6-30　磁翻板式液位计　　　图6-31　浮球式液位计　　　图6-32　浮筒式液位计

四、流量测量

1. 流量

在化工生产中，为了安全高效地进行生产操作和过程控制，必须精确掌握流经管道或设备中各种介质的数量，即流量。流量指单位时间内流过管道或设备某一截面的流体数量。流体的数量用体积表示，即表示体积流量；用质量表示，表示质量流量。

体积流量单位：m^3/h、L/h。

质量流量单位：t/h、kg/h。

2. 流量测量仪表

流量是化工生产过程操作与管理的重要依据。常见流量计有速度式流量计，如转子流量计、电磁流量计、涡街流量计等；容积式流量计，如椭圆齿轮流量计、腰轮式流量计；质量流量计，如科里奥利质量流量计。下面介绍几种常见的流量计：

（1）转子流量计　转子流量计采用的是恒压降、流通面积的流量测量方法。它是由一段向上扩大的圆锥形管子和密度大于被测介质密度且能随被测介质流量大小上下浮动的转子组成，如图6-33所示。流体自下而上流动，随着转子上移，转子与锥形管之间的环流通面积增大，当流体作用在转子上的向上推力与转子的自身重力

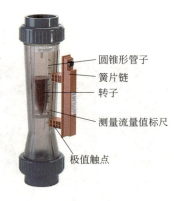

图6-33　转子流量计

相平衡时，转子就停留在锥形管的某一高度，由转子位置（高度）即可确定流量大小。转子流量计的特点是结构简单，价格便宜，可测多种介质的流量，但其精度受测量介质的温度、密度和黏度的影响。

（2）椭圆齿轮流量计　椭圆齿轮流量计主要是由壳体、计数器、椭圆齿轮和联轴器等组成（见图6-34）。利用机械测量元件把流体连续不断地分割成单个已知的体积部分，根据计量室逐次、重复地充满和排放该体积部分流体的次数来测量流体体积总量。该流量计适用于干净、不含固体颗粒、高温、高黏度的液体介质测量，测量精度高、可靠性强。

图6-34　椭圆齿轮流量计

（3）科里奥利（科氏）质量流量计　生产中进行产量计算、经济核算和产品储存时希望得到直接测量介质的质量流量而非体积流量，质量流量计近年来得到了较快发展。科氏质量流量计（见图6-35）是直接式质量流量计，其测量原理是流体在振动管中流动时，产生与质量流量成正比的科里奥利（科氏）力，通过测量科氏力的大小即可得到质量流量。该流量计精度高，测量范围广，可测含固形物的泥浆及含有微量气体的液体、中高压气体，尤其适合测高黏度甚至难流动液体的质量流量。

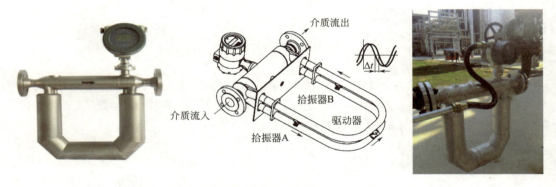

图6-35　科氏质量流量计

> **加油站**
>
> 　　现代化工生产具有规模化、智能化等特点，对工艺控制要求及产品的质量要求也越来越高。化工现场智能仪表具有测量精度高、运算功能及自我诊断功能强等特点，可实现化工生产的精准检测和控制，得到了广泛应用。常见化工现场智能仪表见表6-9。

表6-9 常见化工现场智能仪表

类别	智能仪表	图示	主要特点
温度测量仪表	热电偶温度计		适用温度测量范围为 -180～1800℃；响应时间短，抗振性强
	热电阻温度计		适用温度测量范围在 -200～600℃；测量精度高，且长期稳定性高
压力测量仪表	智能压力变送器		适用于测量液体、气体或蒸汽的压力，可实现模拟或数字信号传输
物位测量仪表	差压式液位计		优点：测量不受电磁信号及气相压力、温度波动影响； 缺点：测量准确性受介质密度影响大；不适合黏稠或者易结晶介质测量
	雷达物位计		优点：非接触式测量；测量不受介质属性的影响，固料测量时不受加料噪声和粉尘的影响；测量精度高，可靠性高； 缺点：价格高；受介质介电常数影响；粉尘和蒸汽也会影响测量；对射频干扰影响较大
	导波雷达物位计		优点：测量可靠性高，不受介质表面和罐体内部装置或挡板的影响；适合小容积储罐液位的测量； 缺点：不适合腐蚀性介质和黏附性液体测量；测量距离受限
	γ射线物位计		优点：非接触式测量；具有最高的适用性、可靠性和安全性；具有最高灵敏度和测量精度； 缺点：成本较高，维护不方便；射线对人体有害
流量测量仪表	电磁流量计		优点：可测干净流体甚至泥浆；无可移动部件，无压力损失；能够进行双向测量； 缺点：仅能测量导电液体；测量性能会受黏附影响
	涡街流量计		优点：可用于液体、气体和蒸汽测量；完全不受压力、密度、温度和黏度变化的影响；宽温度范围测量；耐高压；无可动件； 缺点：仅能测量体积流量；只适用于紊流流体，有最小流量限制；只能测单向流体
	超声波流量计		优点：适用于均匀流体测量；完全不受压力、密度、温度、电导率和黏度的影响；无阻流部件，无压损；使用寿命长； 缺点：测量流体温度低于200℃；可靠性、精度等级不高；只能测量体积流量；价格昂贵

化工生产现场仪表正跨入数字化、智能化和网络化的新阶段。如现场总线智能仪表，是遵循国际现场总线协议设计制造的智能仪表，以能进行双向数字通信、具备自诊断功能、能远程对仪表的组态数据进行修改等为其主要特点，以数字化、网络化为其技术内涵，将现场仪表带到了一个全新的阶段。

拓展阅读

1. 温度计常见故障及处理方法；
2. 压力计常见故障及处理方法；
3. 物位计常见故障及处理方法；
4. 流量计常见故障及处理方法。

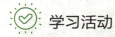
学习活动

现场辨识化工测量仪表

1. 活动描述

请根据化工测量仪表结构、功能等，在中试装置上完成仪表的辨识任务，并按要求填写名称、运行状态及测量数据等。

2. 安全提示

（1）进入实训室必须正确穿戴好劳动防护用品。

（2）严禁在实训场所嬉戏打闹和使用手机，不得随意跨越管道。

（3）遵守文明参观、操作的要求，不得随意开关阀门、按钮和操作装置设备。

（4）整个装置认知过程保持现场整洁。

3. 活动实施

（1）人员分工　请分小组完成辨识任务，建议 4~5 人/组。

（2）测量仪表辨识　根据现场装置识别化工测量仪表，填写表 6-10。

表 6-10　仪表及运行状况记录表

设备名称及位号	仪表名称及位号	运行状况 （运行打√，停止打×）	运行数据记录	异常状况记录

续表

设备名称及位号	仪表名称及位号	运行状况 （运行打√，停止打×）	运行数据记录	异常状况记录

（3）完成现场整理

4．评估谈话

（1）在本次认知实操中，你认为要做哪些方面的防护工作？为什么？

（2）你认识的主要化工测量仪表有哪些？它们的功能是什么？

（3）你发现了运行状态异常的仪表了吗？可能导致这种情况的原因有哪些？

（4）化工测量仪表是否要做日常维护维修？从哪些方面做？

5．活动评价

活动评价表见表6-11。

表6-11　活动评价表

序号	评价项目	评价内容	配分	考核点说明	得分	评价记录
1	安全防护与准备	劳动防护用品选择及穿戴	5	劳动防护用品选择正确并穿戴规范，每个点1分，不超过5分		
		安全须知的阅读与确认	5	安全须知的阅读与确认		
2	工作过程	测量仪表识别	50	名称识别错误或者少识别1类扣10分，最多扣50分		
			10	数量少1个扣0.5分，最多扣10分		
3	现场整理	使用工具复位	10	挂牌等工具归位整齐，每个点1分，未归位不得分		
		环境整洁	5	地面整洁、打扫工具摆放整齐，每个点1分，不整洁不得分		
4	专业谈话	答题准确度	15	少答一题、错答一题扣5分；答题表达准确5分/题，基本准确3分/题，词不达意0分		
	总配分		100	总得分		

注：以上考核点中每个点的分值设定可以结合装置实际情况做调整。

巩固练习

1．按照检测仪表被测变量不同，化工生产中四大检测仪表分别为_____、____、____、____。

2．完成下列单位换算练习。

735K＝____℃＝____℉

____K＝－105℃＝____℉

_____K = _____℃ = 82 ℉

3. 热电偶产生热电势的条件是_____、_____。

4. 下列关于电阻温度计的叙述不恰当的是（　　）。

　　A．电阻温度计的工作原理是利用金属丝的电阻随温度作近似线性的变化
　　B．电阻温度计在温度检测时，有时间延迟的缺点
　　C．与电阻温度计相比，热电偶所测温度相对较高一些
　　D．因为电阻体的电阻丝是用较粗的导线做成的，所以有较强的耐振性能

5. 试画出绝对压力分别是 0.2MPa、0.05MPa 的压力关系图，并计算出其表压和真空度分别是多少。并以图示说明。

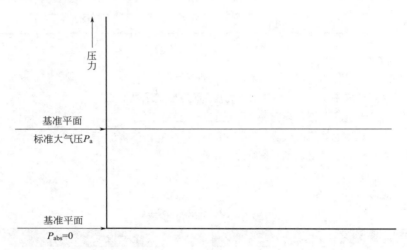

6. 比较以下压力的大小，并写出计算过程。

（1）表压为 500mmHg；
（2）真空度为 50kPa；
（3）绝对压力为 2kgf/cm^2。

7. 要求某储罐内的压力维持在 3.5kPa，若当地大气压为 100kPa，在该储罐上应安装压力表还是真空表？其读数是多少？

8. 转子流量计中的流体流动方向是（　　）。

　　A．自上而下　　　　　　　　B．自下而上
　　C．自下而上或自上而下都可以　　D．水平流动

9. 椭圆齿轮流量计是一种（　　）流量计。

　　A．速度式　　　B．质量　　　C．差压式　　　D．容积式

10. 质量流量计可以不受流体_____的影响而提供精确可靠的质量流量数据。

子任务四　公用工程系统辨识

任务描述

小王知道，化工生产能够安全稳定运行，除了与装置的设备和工艺有关，还与公用工程系统有关。公用工程系统是与生产装置相配套的非常重要的辅助系统，掌握生产现场的水、电、汽、气、冷冻系统及其运行情况，是确保化工生产安全、优质、高产、低耗的有效途径之一。

学习目标

知晓公用工程基本概念，能根据生产工况合理选择公用介质。
知晓消耗定额基本概念，能结合公用工程系统提出节能降耗措施。
正确穿戴劳动防护用品，遵守实训现场文明规范。

化工生产中如果没有公用工程设施，生产是运转不起来的，因此化工生产装置及与之相匹配的公用工程设施共同构成了一个完整的化工生产系统。化工生产中涉及的供水、供冷、供热、供气、供电等公用系统为公用工程，它是保障安全生产的主要辅助工程。公用工程可以与生产装置融为一体，如通风系统、测量与控制系统、设备配电系统等；也可以自成体系，如循环冷却水系统、仪表空压系统、冷冻供应系统等。

一、公用工程

1. 供水

（1）化工厂用水　化工厂供水系统的用水一般分四大类，即生产用水、生活用水、消防用水和施工用水。

① 生产用水　是工艺生产装置和公用工程用水，包括工艺用水、冷却用水、锅炉用水和生产装置的地面冲洗水等。水质根据生产工艺的具体要求而定。

② 生活用水　是厂内生产人员饮用用水、食堂用水、浴厕洗刷用水，厂外靠近厂区的生活区用水也包括在内。水质为生活饮用水标准。

③ 消防用水　是厂区室内外消防用水。对水质无特殊要求。

④ 施工用水　是厂区新建、改扩建工程时的用水。对水质无特殊要求。

（2）供水系统　供水系统一般根据水质、水压要求分为新鲜水供水系统、循环水系统、生活饮用水系统和消防水系统。一个供水系统由水源、水处理设施、管网、管件、用水设备等构成。

（3）水源　大部分化工厂的水来自地下、地面或其他水源。一般不能直接用作工业用水或生活用水，必须对其进行净化处理。处理方法根据用户对水质、水量的要求和水源水质情况进行选择，通常采用的预处理方法有：混凝，澄清，过滤，软化。

工业用水的净化处理基本流程：原水—混凝、沉淀—过滤—送生产用水

生活用水的净化处理基本流程：原水—混凝、沉淀—过滤—消毒—送生活用水

2. 供冷

化工生产在低于常温下进行时，需要采用冷冻介质。例如，氯碱工艺需要 -15℃ 的冷却剂使得产品氯气液化；结晶需要在低温下才能得到较高的收率。

（1）载冷剂　制冷装置间接冷却被冷却物，或者将制冷装置产生的冷量远距离输送，这时均需要一种中间介质在蒸发器内被冷却降温，然后再用它冷却被冷却物，这种中间介质称为载冷剂。化工生产中浅度冷冻（高于 -50℃）多采用间接冷却方式，常用的载冷剂有水、盐水及有机物等。

① 水　比热容大，传热性能良好，可用作 0℃ 以上冷量的载冷剂。

② 盐水　常用的冷冻盐水有氯化钠、氯化钙等盐的水溶液。冷冻盐水的起始凝固温度随浓度的变化而变化，如表 6-12 所示。因盐水对金属材料有腐蚀性，使用时需要加缓蚀剂。

表 6-12　冷冻盐水起始凝固温度与浓度的关系

氯化钠盐水		氯化钙盐水	
浓度 /%	起始凝固温度 /℃	浓度 /%	起始凝固温度 /℃
7.0	-4.4	11.5	-7.1
13.6	-9.8	16.8	-12.7
20.0	-16.6	26.6	-34.4
23.1	-21.2	29.9	-55.0

③ 有机物　适用于比较低的温度，常见的有乙二醇、丙二醇的水溶液，甲醇、乙醇的水溶液等。其起始凝固温度随浓度的变化而变化，乙二醇水溶液的使用温度可达 -35℃，丙二醇水溶液的使用温度通常为 -10℃ 或以上，甲醇水溶液的使用范围是 -35～0℃。

（2）制冷剂　化工生产中，中度冷冻（-100～-50℃）或深度冷冻（等于或低于 -100℃）一般直接冷冻，利用制冷剂的蒸发直接冷却被冷却物质，此时制冷剂即为载冷剂。工业上常用的制冷剂有氨制冷剂和氟利昂制冷剂。

① 氨制冷剂　成本低，单位溶剂产冷量大，热稳定性好，但具有易燃易爆、毒性大、腐蚀性强的缺点。

② 氟利昂制冷剂　无毒无臭，不燃不爆，稳定性好，对设备有良好的润滑作用，但它是温室效应气体，会破坏大气层中的臭氧。

3. 供热

化工生产中为了满足工艺要求，需要将热源的热能直接或间接地传递给被加热介质，达到工艺所需的温度，起加热作用的载热体称为加热介质或热媒。

常用的加热介质有热水、水蒸气、矿物油、导热油、熔盐及烟道气等。其适用的温度范围见表 6-13。

表 6-13　加热介质及适用温度范围

加热介质	热水	水蒸气	矿物油	导热油	熔盐（KNO_3 53%、$NaNO_2$ 40%、$NaNO_3$ 7%）	烟道气
适用温度范围 /℃	40～100	100～180	180～250	255～380	142～530	500～1000

① 水蒸气　可以作为加热介质，也可以用作动力。作为加热介质的水蒸气一般在 180℃ 以下比较适用，利用水蒸气冷凝放出的潜热。水蒸气具有高效经济、易控制、能量传递方便、灵活安

全等特性，是工业系统中应用最广泛的加热介质。

② 导热油　具有良好的热稳定性，可在低于380℃温度下长期使用。常见的导热油有烷基苯型导热油、烷基萘型导热油、烷基联苯型导热油、联苯和联苯醚低熔混合物型导热油。

③ 熔盐　使用温度在250～550℃时，一般选择熔盐作为热载体进行加热。与导热油相比，相同压力下可获得更高的使用温度，且不会发生爆炸、燃烧，耐热稳定性能好。

4. 供气

石化行业是用空气和氮气的大户。

① 空气　在化工生产中用于工艺用空气和仪表用空气，根据对空气质量不同的要求，包括气量、温度、压力、湿度或露点、含尘量、含油量等，需要进一步的处理。

② 氮气　是化工厂的"保安气"，用于易燃、易爆、易腐蚀、易氧化物料的保护、输送、密封等，以保障安全生产。

5. 供电

供电包括生产用电、生活用电等。

供电系统是由电源系统和输配电系统组成的产生电能并供应和输送给用电设备的系统。如图6-36所示，电站发电后由电气系统升压送入电网，通过高压电输送工程实现远程（长距离）电力输入；从电站到各电网区域、区域到省市自治区；再通过高低压工程将高压电接入单位、企业或社区变压器和高低压变换的变压器工程；通过配电输送给用户。

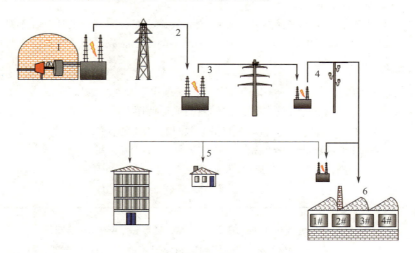

图6-36　供电系统

1—电站；2—长距离输送网；3—粗网配电；4—区域配电；5—低压网；6—化工企业

生产过程中的泵、风机、压缩机等设备的运行离不开电机驱动，电能给电器件、导线提供电机运行所需的能量。电的使用一般有两种形式：一是作为能源，电能转换为光能、热能和机械能；另一是作为信号加以利用，实现信号的产生、传递和处理，将电信号转化为声音和图像等形式。

 安全用电小常识

触电事故的发生，多是不重视安全用电常识，不遵守安全操作规程及电气设备受损和老化造成的。当发生触电事故时，应当立即切断电源或用绝缘体将触电者与电源隔开，然后采取及时有效的措施对触电者进行救护。用电时，注意以下事项：

① 不用手或铁丝、钉子、别针等金属制品去接触、探试电源插座内部。
② 不用湿手触摸电器，不用湿布擦拭电器。
③ 电器使用完毕后应拔掉电源插头，插拔电源插头时不要用力拉拽电线，以防止电线的绝缘层受损造成触电；电线的绝缘皮剥落，要及时更新电线或者用绝缘胶布包好。
④ 不随意拆卸、安装电源线路、插座、插头等。

二、消耗定额

消耗定额是指在一定的生产技术条件下，生产单位产品所合理消耗的各种原料及辅料（公用工程）量。

1. 物耗

物耗指原料消耗定额，即生产单位产品所消耗的原料量。由于物耗构成不同，工业中物料消耗定额，一般分为工艺消耗定额和物料供应定额两种。

① 工艺消耗定额　是在一定条件下，生产单位产品所用物料的有效消耗量，即产品消耗和合理的工艺消耗两部分。其是发料和考核物料消耗情况的主要依据。

② 物料供应定额　是由工艺消耗定额和合理的非工艺性损耗确定的。物料供应定额是核算物料需要量，确定物料订货量和采购量的主要依据。

2. 能耗

能耗指公用工程消耗定额。

注意：物耗和能耗都会影响产品成本，影响企业效益，应努力减少消耗。在消耗定额的各项指标中，原料成本要占产品成本的 60%～70%，因此，降低产品成本的关键是降低原料消耗。

3. 节能降耗

节能降耗是企业的生存之本，应采取有效的节能措施实现效益最大化。
① 选择合适的工艺参数和操作条件，注意物料的循环使用。
② 采用性能优良的催化剂，提高选择性和生产效率。
③ 加强设备维护和巡回检查，避免和减少物料的跑、冒、滴、漏。
④ 规范生产管理和操作责任，防止事故发生等。

练一练

化工生产中需要大量的水、电、汽、气、冷等动力资源维持运行。
请结合图 6-37 概述该生产过程用到的公用介质，并阐述节能降耗措施。

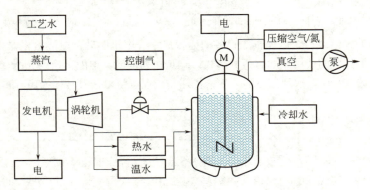

图6-37　某化工生产过程示意图

趣味活动

参观化工企业或学校实训中心，了解公用工程系统的配置状况，并为生产的节能降耗献计献策。

巩固练习

1. 化工厂供水系统的用水一般分为哪几类？化工供水系统由哪些方面构成？
2. 试调研周边化工企业或者学校化工实训中心用水，写出调研报告，内容包括用水性质、用水系统、水源等。
3. 什么是载冷剂？对载冷剂的选择有哪些方面的要求？
4. 常见的制冷剂有哪些？它们有哪些特点？
5. 请简述常用的载热体，并说明其适用的温度范围。
6. 某一化工生产反应体系温度为120℃，试选择合适的热载体。
7. 压缩空气和氮气的用途有哪些？请举例说明。
8. 请列举出化工生产中需要用电的方面。有哪些注意事项？
9. 化工生产节能降耗的措施有哪些？

任务二　化工质量监测与过程控制

任务描述

聚氨酯的生产经过多道工序后，已有产品产出，但小王觉得生产过程就像一个黑盒子一样，完全不知道中间品、产品的质量是否符合要求，工艺参数的控制是否满足了技术指标要求。他想学习了解化工产品质量的监测过程及生产控制过程，如果在监测和控制过程中发现异常，能及时做出调整，以确保安全、优质、高产的生产目标。

> 知晓化工生产质量监测系统，能概述质量监测的功能。
> 能概述常见分析检测方法，掌握分析检测的操作步骤。
> 能概述自动控制系统的类型及组成，会绘制简单控制系统图。
> 能结合生产案例要求，分析和设计简单控制系统图。
> 具备化工生产敬畏意识，严格落实质量监测及管理的要求。

现代化工制造过程想要顺利进行，不仅需要适宜的工艺条件和规范的生产操作，还要及时地"跟踪"生产进程，优质地控制生产过程，只有这样才能实现化工生产的目标。

一、质量监测

质量监测是化工生产的"眼睛"，它可以及时跟踪生产运行情况，评估生产运行效果，调节生产运行方案，确保原料、产品乃至环境的质量。

1．质量监测系统

质量监测就是对生产过程中控制空间的一个或多个质量特性进行观察、测量、分析，并将结果和规定的质量要求进行比较，以确定每项质量特性合格情况的技术性检查活动。

质量监测主要由六个关键系统组成，即布点系统、采样系统、运储系统、分析检测系统、数据处理系统和结果评价系统，具体见图6-38。

2．质量监测的主要功能

化工生产是连续、稳定的转化过程，这一过程中存在着物料的储运、反应、分离等活动，还经常伴随着高温、高压等条件，多数物料具有易燃易爆、有毒有害的特点，质量监测这项工作就必不可少，它可以有效地保证工艺生产的安全稳定。具体功能有以下几个：

（1）鉴别功能　依照相关的技术标准和工艺规程，确定原材料、半成品及成品的质量。

（2）"把关"功能　适时、严格的质量检测可以及时发现问题，实现不合格的产品组成部分及中间产品不转序。

（3）预防功能　前道过程的把关，就是后续过程的预防。

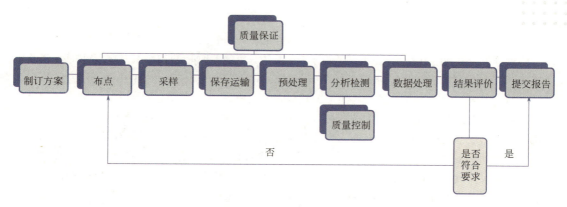

图6-38 质量监测系统组成

① 判断生产过程的状态是否受控。
② 发现问题，及时采取措施予以纠正。
③ 预防不稳定生产状态的出现。
（4）报告功能　将检测获取的数据和信息及时反馈给相关人员。

 案例赏析

某煤气厂利用汽化剂（氧气和水蒸气）制取粗煤气。在制备氧气过程中，涉及碳氢化合物这一重要指标，假如这套万立方米空分装置在空气分离过程中，液氧、液氮、液空中的烃类化合物含量超标，没有及时进行放空置换处理，便会造成空分塔内爆。因监测数据没有引起生产工艺员的重视，发生了空分塔内爆，设施损坏。而强化监测数据的管理，生产控制员正确运用数据进行操作处理，将会杜绝该事故的发生。

3. 分析检测方法

检测的对象多种多样，不同对象的分析要求也不相同。一般在符合生产所需准确度的前提下，分析快速、测定简便及易于重复是分析检测的普遍要求。化工分析检测方法有很多，根据分析原理和质量要求不同，其分类也不同，常见的分类如图6-39所示。

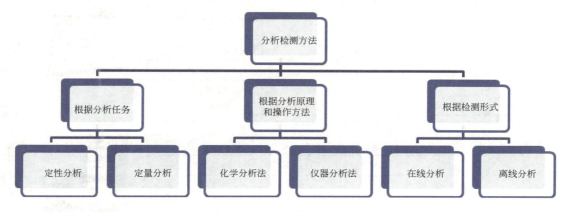

图6-39 化工分析检测方法分类

（1）根据分析任务的不同，可分为定性分析和定量分析。化工分析的任务就是利用各种分析检测方法，确定物质组分，测定组分含量。

① 定性分析　鉴定被测物质的组成，通常包括元素、离子、化合物或有机物官能团等的鉴定。

定性分析一般利用组成物质的原子、离子或者分子具有的各种特殊的化学、物理及物理化学性质进行分析，如金属的焰色反应、水溶液中的离子反应、分子的吸光度、物质在两相中的分配系数等。

② 定量分析　测定被测物质中各组分的相对含量。

定量分析是一种量化分析，主要任务是准确测定物质中各组分的含量，因此需从分析结果的准确度和精密度的角度考虑分析方法。常用的定量分析法主要有滴定分析法、仪器分析法等。

定性分析和定量分析不是割裂开的，而是相互关联的。如果所要分析的物质组成是未知的，往往要先做定性分析，定量分析方法的选择和制定，在很大程度上依赖于物质已知的组成。

（2）根据分析原理和操作方法不同，可分为化学分析法和仪器分析法。

① 化学分析法　以被测物质与某些试剂发生化学反应为基础的分析方法。

常见的化学分析方法包括重量分析法、滴定分析法。其中滴定分析法主要包括酸碱滴定法、络合滴定法、沉淀滴定法、氧化还原滴定法等。滴定分析法具有操作简单，对仪器要求不高，测定结果准确度高等优点，应用比较广泛，很多分析检测的国家标准均采用滴定分析法。

② 仪器分析法　以被测物质的物理或物理化学性质为基础，采用某些特定仪器进行测定的分析方法。

仪器分析法具有灵敏度高、选择性强、简单快速、可进行多组分分析、容易实现连续自动分析等特点，常用来测定相对含量低于1%的微量甚至痕量组分，是目前分析化学的主要发展方向。常见的仪器分析方法有光学分析法、电化学分析法、色谱分析法、热分析法等，种类繁多，且新的方法也不断出现，见表6-14。

表6-14　仪器分析法分类

方法的分类	被测物理性质	相应分析方法	对应仪器	图例（部分）
光学分析法	辐射的发射	原子发射光谱法（AES）	原子发射光谱仪	酸度计
	辐射的吸收	原子吸收光谱法（AAS）、红外吸收光谱法（IR）、紫外及可见吸收光谱法（UV-VIS）	原子吸收分光光度计、红外光谱仪、紫外-可见分光光度计	
	辐射的散射	浊度法、拉曼光谱法	浊度仪、拉曼光谱仪	
	辐射的衍射	X射线衍射法、电子衍射法	X射线衍射仪、电子衍射仪	
电化学分析法	电导	电导法	电导率仪	气相色谱仪
	电位	电位分析法	酸度计、电位滴定仪	
	电量	库仑分析法	库仑计	
色谱分析法	两相间的分配	气相色谱法（GC）、高效液相色谱法（HPLC）	气相色谱仪 液相色谱仪	
热分析法	温度	差热分析法（DTA）	差热分析仪	
	热量	差示扫描量热法（DSC）	差示扫描量热仪	
	质量	热重分析法（TGA）	热重分析仪	
其他分析法	质荷比	质谱法	质谱仪	液相色谱仪

(3) 根据检测形式不同,可分为在线分析和离线分析。

① 在线分析法 利用仪表连续或周期性测定被测物质的含量或性质的自动分析方法。

在现代工业生产过程中,必须对生产过程的原料、成品、半成品的化学成分、密度、pH 值、电导率等进行自动检测并参与自动控制,以达到优质高产、降低能源消耗和产品成本、确保安全生产和保护环境的目的。常见的在线分析仪器按照被测介质的相态分为气体分析仪和液体分析仪。气体分析仪表有红外线分析仪、热导式气体分析仪(氢表、氩表)、折射仪、CEMS 烟气分析仪、色谱分析仪、质谱分析仪等;液体分析仪表有 pH 计、电导仪、化学需氧量分析仪(COD)、溶解氧分析仪(DO)、浊度计、氨氮分析仪、余氯分析仪等。

在线分析系统的构成如图 6-40 所示。

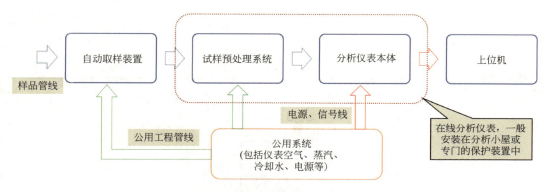

图 6-40 在线分析系统基本构成图

② 离线分析法 定期采样并通过实验室测定的实验分析方法。

4. 分析检测的主要步骤

(1) 检测准备

① 熟悉检测要求。

② 确定检测方法。

③ 选择计量器具和仪器设备。

④ 明确采样方案,确定被检物品的数量。

⑤ 掌握规范化的检测规程(细则)等。

(2) 规范检测

① 采样与制样。

② 测量或试验。

③ 数据记录。

(3) 结果处理和分析。

二、过程控制

化工生产必须在规定的温度、压力、物位、流量、配比等工艺参数下进行,才能保证生产安全及产品的产量和质量。现代化工生产中,每套装置都有大量的温度、压力、物位和温度等检测和控制仪表,只有借助于自动控制技术才能有效地实现生产安全、优质、高产、低耗。

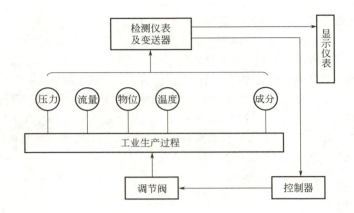

1. 控制系统

（1）人工控制系统

日常生活中，怎样调节自来水水龙头以控制水槽液位的高低？

具体控制过程为：

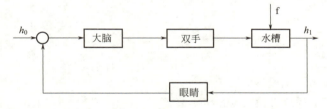

① 眼睛　观察实际液位的高度 h_1。
② 大脑　比较实际液位 h_1 与目标液位 h_0 的差异。
③ 双手　根据大脑的命令，调节阀门大小控制流量。

（2）自动控制系统　自动控制系统是在人工控制的基础上产生和发展起来的，它用仪表等自动化装置代替人的眼睛、大脑和双手，实施生产中的观察、比较、运算、判断和执行等功能，从而完成自动控制。人工控制和自动控制的对照如下：

图 6-41 以液位自动控制为例,介绍自动控制过程:

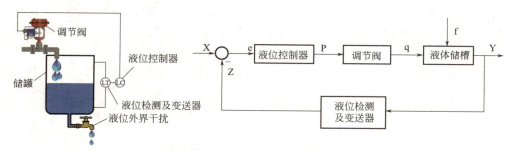

图6-41　液位自动控制过程

具体控制过程为:

| 眼睛 | ⇔ | 检测元件及变送器 |

① 检测元件及变送器　检测被控工艺参数的数值大小,并将其转换成 4～20mA（DC）的标准信号。

| 大脑 | ⇔ | 控制器 |

② 控制器　比较检测信号与设定值,得出偏差,再进行一定的运算后发出控制信号给调节阀。

| 双手 | ⇔ | 调节阀 |

③ 调节阀　接收控制器的输出信号［4～20mA（DC）］,改变阀门开度实施控制。

| 需要控制的设备、机器或生产过程 | ⇔ | 被控对象 |

④ 被控对象　需要控制工艺参数的生产设备、机器或生产过程。

想一想

抽水马桶（见图6-42）是如何实现液位的自动控制的?

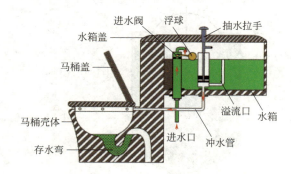

图6-42　抽水马桶工作示意图

2. 自动控制系统的类型

化工生产中,应根据实际情况选择合适的控制系统对被控变量（温度、压力、流量、物位等）

131

进行控制。根据控制系统的复杂程度,可将其分为简单控制系统和复杂控制系统。

(1)简单控制系统(单回路控制系统) 简单控制系统是生产过程自动控制系统中最简单、最基本、应用最广的一种控制形式。由被控对象、测量变送装置(测量元件、变送器)、控制器、执行器四个基本环节组成(图6-43)。

该系统是根据被控变量的测量值与给定值的偏差来进行控制的,具有构成简单,需用设备少,易于调整和运行等特点。

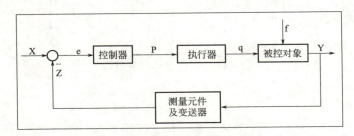

图6-43 简单控制系统方框图

(2)复杂控制系统 随着现代化工制造业的迅猛发展,操作条件更加严格、变量之间的关系更加复杂等,简单控制系统已不能满足生产工艺要求,相应地就出现了一些其他的控制形式——复杂控制系统,又称典型控制系统。

复杂控制系统包括串级控制系统、均匀控制系统、比值控制系统、前馈控制系统等。该系统也是常规仪表装置构成的控制系统,但采用的测量变送装置(测量元件、变送器)、控制器、执行器等自动化仪表数量较多,系统构成更复杂,功能更齐全。

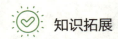 **知识拓展**

串级控制系统是指一个自动控制系统由两个串联控制器通过两个检测元件构成两个控制回路,并且一个控制器(主控制器)的输出作为另一个控制器(副控制器)的给定。图6-44为氯乙烯聚合的温度控制。

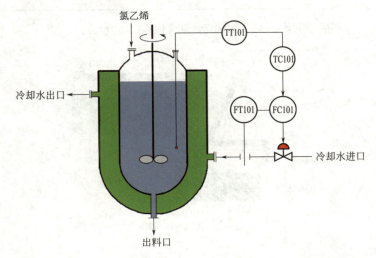

图6-44 聚合反应器反应温度与冷却水流量串级控制系统(氯乙烯聚合)

控制目的：聚合反应温度是保证聚氯乙烯产品质量的重要指标。氯乙烯聚合反应是剧烈的放热反应，倘若聚合温度急剧升高，势必造成聚合度下降、分子结构变差，甚至引发爆聚。

控制方案：通过调节夹套冷却水流量的大小控制反应器内的温度。

① 根据温度变送器得知反应器内的温度状况。
② 根据反应器内的温度状况决定是否调节反应器内温度的高低值。
③ 将温度信号传送给冷却水流量控制系统。
④ 通过改变冷却水阀门的开度大小控制反应器内的温度。

想一想

上述氯乙烯聚合的温度控制是否可以应用简单控制系统实现？试比较简单控制与串级控制的优劣。

加油站

化工生产中可靠有效的控制与保护措施是保障安全生产和优质高产的重要手段。目前化工生产采用的主流控制系统及其特点如表 6-15 所示。

表 6-15　化工生产主流控制系统及其特点

系统名称	主要特点
可编程逻辑控制器（programmable logic controller，PLC）	PLC 是一种具有微处理器的用于自动化控制的数字运算控制器，可以将控制指令随时载入内存进行储存与执行。它具有可靠性高、编程容易、组态灵活、输入/输出功能模块齐全、安装方便、运行速度快的特点
集散控制系统（distributed control system，DCS）	DCS 是以微型计算机为基础，将分散型控制装置、通信系统、集中操作与信息管理系统综合在一起的新型过程控制系统。它具有高可靠性、开放性、灵活性、协调性、控制功能齐全、易于维护的特点
安全仪表系统，又称为安全联锁系统（safety instrument system，SIS）	SIS 主要指工厂控制系统中报警和联锁部分，对控制系统中检测的结果实施报警动作或调节或停机控制，是工厂、企业自动控制中的重要组成部分。它具有安全性高、响应速度快、自诊断覆盖率大、容错性多冗余保障、应用程序易修改、方便维修的特点
故障安全控制系统（fail safe control，FCS）	FCS 是基于高度自诊断的、微处理器技术的软件容错系统。该系统连续监视其硬件的操作，通过自诊断程序能诊断出系统内部部件的故障，并消除潜在的错误，使系统可靠性增强。通过冗余系统结构使系统的可用性大大提高。FSC 具有可靠度高、高度自诊断；可在线监视与修理的特点

巩固练习

1. 质量监测的目的是什么？常见的分析检测方法有哪些？
2. 操作工如何知道化学反应进行的程度？

3. 质量监测主要构成包括哪些方面？
4. 何为自动控制系统？主要由哪些环节组成？包括哪些类型？
5. 试回答下列问题。

检测元件及变送器把_____转换成_____；

控制器的输入信号来自_____；

控制器对____信号进行_____；

调节阀的开度由_____来决定；

被控对象是指_____。

6. 如下图所示，工艺要求使用蒸汽作为加热载体将冷物料从 20℃ 加热至 80℃。

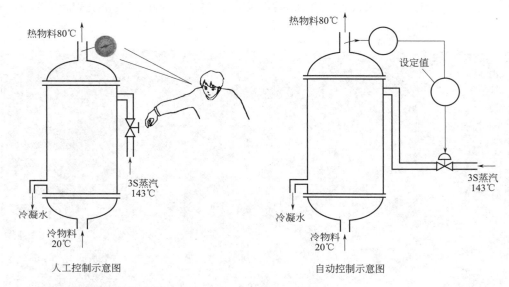

人工控制示意图　　　　自动控制示意图

（1）人工控制过程如何实施？
（2）人工控制会有哪些缺点？
（3）如何实施自动控制过程？请画出自动控制系统方框图。

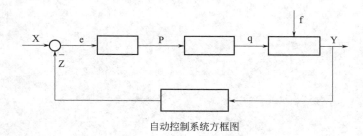

自动控制系统方框图

任务三　化工生产工艺流程识读

子任务一　化工生产过程认知

任务描述

在师父的带领下，小王了解了现场装置设备、测量仪表等知识，知道了质量检测方法和过程控制原理。接下来，他还需要进一步学习化工生产过程的相关知识，了解化工生产过程的组成，熟悉生产工艺流程，区分工艺流程图。

学习目标

知晓化工生产过程的组成，了解单元操作与单元反应。
能概述工艺流程的基本概念及工艺流程图的分类。
根据工艺流程图特点区分工艺流程示意图、物料流程图、工艺管道及仪表流程图。
树立化工生产认知的整体观和全局观，坚持整体与部分的辩证统一。

化工生产从原料制成产品，要经过一系列化学和物理的加工处理步骤，这一系列加工处理步骤被称为"化工生产过程"。

一、化工生产过程

世界上的化工产品成千上万，但几乎所有化工产品的生产过程都由三个基本环节组成，如图6-45所示。

图6-45　化工生产过程示意图

1. 化工生产过程的组成

化工生产过程的表现形式是由若干个单元操作和单元反应串联组成的一套工艺流程，通过三个基本环节，将化工原料制成化工产品，如图6-46所示。

（1）原、辅料预处理

目的：使原料、辅料达到反应所需要的状态和要求。

例如：固体的研磨、过筛；液体的加热或汽化；催化剂的配制等。

（2）化学反应

目的：完成由原料到产物的转变，是化工生产过程的核心。

例如：氧化反应、聚合反应、加成反应等。

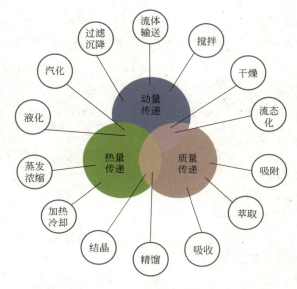

图6-46　化工生产过程中各工序的组合方式

（3）产物分离

目的：获取符合规格的产品，回收利用副产物、循环原料等。

例如：精馏、吸收、萃取、结晶等。

（4）催化剂制备　催化剂的加入，可改变化学反应的速率，提高反应的选择性，减少副反应等。

（5）"三废"处理　对生产过程中产生的废液、废气、废渣进行处理，综合利用，保护环境。

（6）回收工序　对未反应的原料、溶剂、添加剂、反应生成的副产物等分别进行分离提纯，精制处理后加以回收利用。

2. 单元操作与单元反应

原、辅料预处理，化学反应，产物分离这三个环节都是由若干个单元操作和单元反应构成的。一般来说，原、辅料预处理和产物分离环节主要由单元操作组成，化学反应环节主要由单元反应组成。

（1）单元操作　具有物理变化特点的基本加工过程。

单元操作发生的过程虽然多种多样，但从本质上一般分为三种，即通常所说的"三传"，如图6-47所示。

① 流体流动过程（动量传递）

图6-47　化工单元操作的三种传递过程

涉及流体流动及流体和与之接触的固体间发生的相对运动。

例如：流体输送、沉降、过滤、搅拌及固体的流态化等。

② 传热过程（热量传递）

涉及传热的基本规律以及主要受这些基本规律支配的若干单元操作。

例如：蒸发、热交换等。

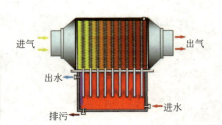

③ 传质过程（质量传递）

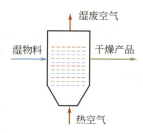

涉及物质通过相界面迁移过程的基本规律，以及主要受这些基本规律支配的若干单元操作。

例如：液体的蒸馏、气体的吸收、固体的干燥及结晶等。

（2）单元反应（化学反应） 具有化学变化特点的基本加工过程。

化学反应是一种或几种物质经由化学变化转化为新物质的过程，而且总是伴随着能量的变化。它是化工生产的核心部分，决定着产品的收率，对生产成本有着重要影响。

化学反应的种类很多，主要有化合反应、分解反应、置换反应、复分解反应、聚合反应、加成反应等。

对苯二甲酸与乙二醇缩聚生成对苯二甲酸乙二醇酯

二、化工生产工艺流程

1. 工艺流程

工艺流程是指将各种原料、半成品通过一定的设备，按照一定的顺序进行加工，最终使之成为成品的方法与过程。

工艺流程呈现了整个化工生产过程中物料在各个工序及各个设备之间的流动过程及变化情况。

2. 工艺流程图

工艺流程图是一组表达化工生产过程、凸显工艺流程性质的图样，以形象的图形、符号、代号、文字说明等表示化工生产装置物料的流向、物料的变化以及工艺控制的全过程。

工艺流程图主要包括工艺流程示意图、物料流程图（process flow diagram，PFD）和工艺管道及仪表流程图（piping & instrument diagram，P&ID）。虽然这些工艺流程图涵盖内容、重点要点、深度广度等不一样，但都可以用来表达化工生产过程。

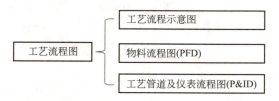

（1）工艺流程示意图　工艺流程示意图是按照工艺流程顺序概括表达一个化工生产车间（装置）或一个工段（单元）生产过程的图样。

工艺流程示意图一般分为流程框图和方案流程图。

① 流程框图　流程框图是用方框及文字表示工艺过程及设备，用箭头表示物料流动方向，把从原料到最终产品所经过的生产步骤以框图的方式表达出来的图纸。

图 6-48 为 AOBO 聚氨酯胶生产工艺流程框图。

② 方案流程图　方案流程图是按照工艺流程的顺序，将设备和工艺流程线自左至右展开在一个平面上，表达物料从原料到成品或半成品的工艺过程的图样。

方案流程图是工艺设计开始时绘制的，供讨论工艺方案用，也可作为施工流程图的设计基础。

图 6-49 为水性聚氨酯合成方案流程图。

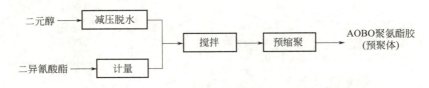

图6-48 AOBO聚氨酯胶生产工艺流程框图

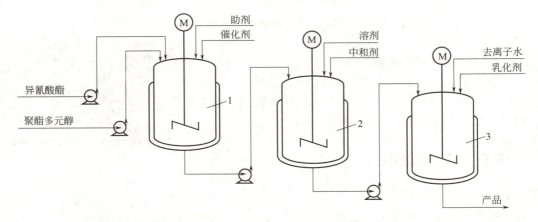

图6-49 水性聚氨酯合成方案流程图
1—预聚反应器；2—反应器；3—后反应器

（2）物料流程图（PFD） 物料流程图是在方案流程图的基础上，用图形与表格相结合的形式，反映设计中物料衡算和热量衡算结果的图样。

物料流程图在方案流程图的基础上增加了设备特性数据或参数，物料变化前后组分名称、流量等参数及各项总和。它既可提供审查资料，又可作为进一步设计的依据，还可供生产操作时参考。图 6-50 为苯乙烯粗馏塔物料流程图。

（3）工艺管道及仪表流程图（P&ID） 工艺管道及仪表流程图又称带控制点的工艺流程图或施工流程图，是在方案流程的基础上绘制、内容较为详尽的一种工艺流程图。

工艺管道及仪表流程图是设计、绘制设备布置图和管道布置图的基础，又是施工安装和生产操作时的主要参考依据。图中包含了所有设备、管道、阀门以及各种仪表控制点信息，详细表达了装置的生产过程，是生产操作的重要技术资料。图 6-51 为反应器单元局部管道及仪表流程图。

巩固练习

1. 通过哪些主要工序化工原料可以转变成化工产品？请以作图的形式表示化工生产组成。
2. 常见的化工单元操作分为几种传递过程？请注意观察周边现象，列举生活中的传递过程实例。
3. 化学反应的种类很多，请以化学反应方程式的形式列举常见的反应类型。
4. 什么是工艺流程？请简述工艺流程呈现的内容。
5. 什么是工艺流程图？请简述工艺流程图的类型和区别。
6. 请简述物料流程图与工艺管道及仪表流程图的区别。

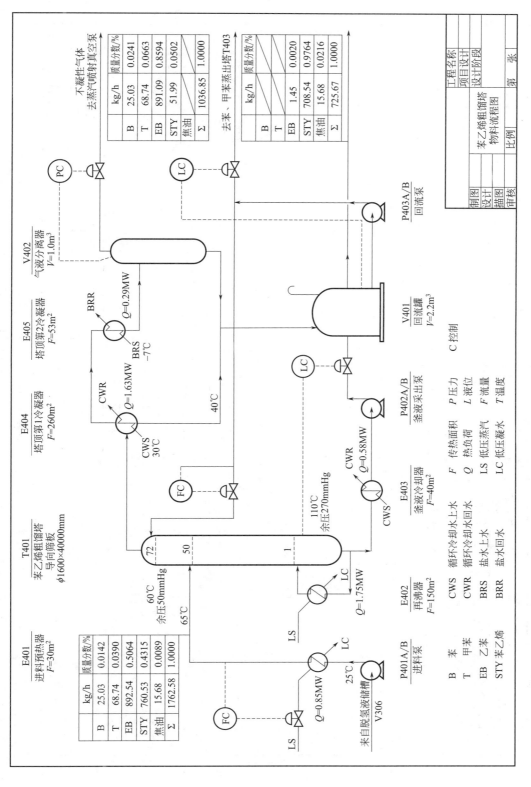

图6-50 苯乙烯粗馏塔物料流程图

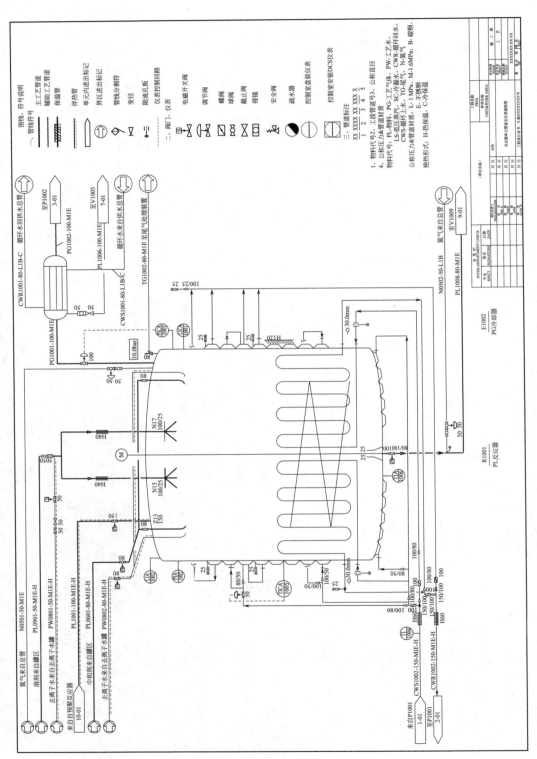

图6-51 反应器单元局部管道及仪表流程图

子任务二　工艺流程示意图识读和绘制

任务描述

小王在了解化工生产过程的组成及工艺流程基本概念的基础上,还需要学习工艺流程图的相关知识,学会识读和绘制工艺流程示意图,为熟悉所在装置的生产工艺流程打下良好基础。

能按照工艺流程示意图的识读步骤和要求,识读工艺流程示意图。
能按照工艺流程示意图的绘制步骤和要求,绘制工艺流程示意图。
遵循识图、制图规定,养成严谨、规范的学习习惯和工作作风。

一、工艺流程示意图识读

工艺流程示意图的内容,主要包括由原料转变为产品的"来龙去脉"。

1. 识读目的

① 了解该工艺流程的概况。
② 了解该工艺中主要设备及其功能。
③ 了解该工艺中各物料所经过的生产工序。

2. 识读步骤

① 了解原料、产品的名称与其来源、去向。
② 了解主要设备及其作用。
③ 按照工艺流程次序,了解从原料到最终产品所经过的生产工序(基本工艺过程)。

一、请识读图 6-48 AOBO 聚氨酯胶生产工艺流程框图,并将识读结果填入下表。

序号	识读内容	
1	原料	
	产品	
2	基本工艺过程	

二、请识读图 6-49 水性聚氨酯合成方案流程图，并将识读结果填入下表。

序号	识读内容	
1	原料	
	产品	
2	主要设备及其作用	
3	基本工艺过程	

二、工艺流程示意图绘制

1. 流程框图绘制

流程框图又称工艺方块图，是一种示意性的展开图。主要包括反应单元操作、反应过程或车间、设备的矩形方块；物料由原料变成半成品或成品的运行过程，即带箭头的工艺流程线等。一个方框可以是一个工序或工段，也可以是一个车间或系统，方框之间用带箭头的直线连接，表示车间或设备之间的管线连接。

流程框图的绘制步骤如下：

（1）方框绘制　根据原料转化为产品的顺序，从左到右、从上到下用细实线绘制反应单元操作、反应过程或车间、设备的方框，各方框之间需保持适当的位置，以便布置工艺流程线。次要车间或设备根据需要可以忽略。

（2）内容标注　在方框内标注该单元操作、反应过程或车间、设备。

（3）工艺流程线绘制　用带箭头的细实线在各方框之间绘出物料的工艺流程线，箭头的指向要与物料的流向一致，并在起始和终了处用文字注明物料的名称或物料的来源、去向。常见的图线可参阅表 6-16。

表 6-16　工艺流程图中常见的图线表示

图线名称	线型	线宽 /mm	应用举例
粗实线	——	0.6～0.9	主要物料的工艺流程线
中粗实线	——	0.3～0.5	辅助物料流程线
细实线	——	0.15～0.25	设备轮廓线
细虚线	------	0.15～0.25	控制回路

若两条工艺流程线在图上相交而实际并不相交，应在相交处将其中一条工艺流程线断开绘制。

（4）文字说明　工艺流程线可加注必要的文字说明，如原料来源，产品、中间产品、废物去向等，物料在流程中的某些参数（如温度、压力、流量等）也可在工艺流程线旁标注出来。

2. 方案流程图绘制

方案流程图是一种示意性展开图，按照工艺流程的顺序，将设备和工艺流程线自左向右地展开在同一平面上，并加以必要的标注和说明。

方案流程图的图幅一般不作规定，图框、标题栏也可省略。方案流程图中设备外形与实际外形相似，用细实线绘制，工艺物料流程用粗实线表示，设备上的管线接头、支脚和支架均不表示。

（1）设备的画法

① 用细实线按流程顺序依次画出设备示意图。

一般设备取相对比例，允许实际尺寸过大或过小的设备适当调整比例。常见的设备图例可参阅表 6-17。

表 6-17　工艺流程图常见设备图例
[摘自《化工工艺设计施工图内容和深度统一规定》（HG/T 20519.2—2009）]

设备类型及代号	图例
塔（T）	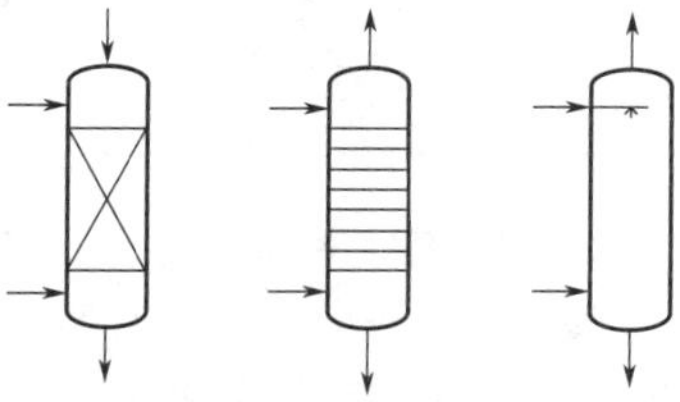 填料塔　板式塔　喷洒塔
容器（V）	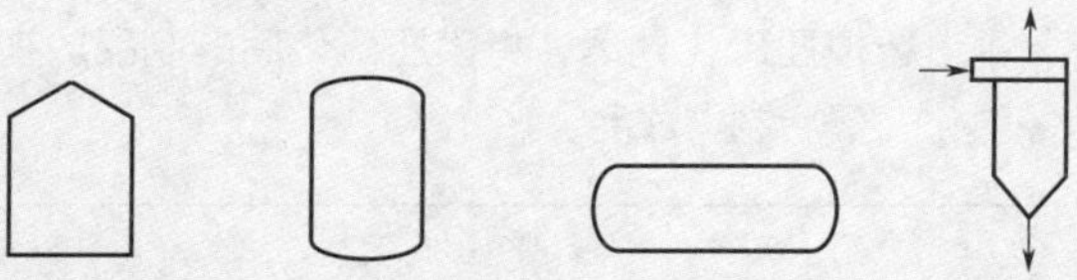 锥顶罐　蝶形封头容器　卧式储罐　旋风分离器
反应器（R）	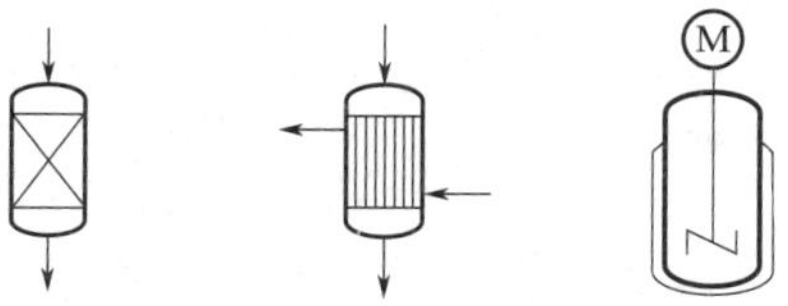 固定床反应器　列管式反应器　反应釜
泵（P）	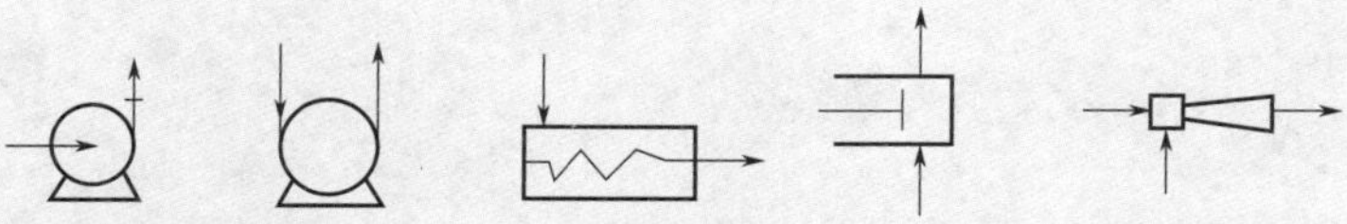 离心泵　水环式真空泵　螺杆泵　往复泵　喷射泵
换热器（E）	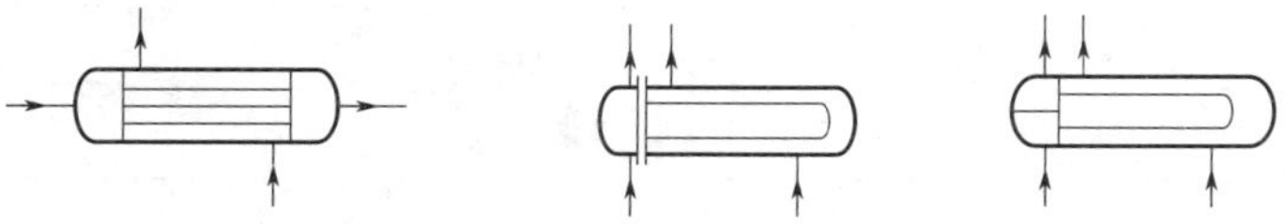 固定管板式列管换热器　U形管式换热器　浮头式列管换热器

② 各设备之间的高低位置及设备上重要接管口的位置，要大致符合实际情况。

③ 相同设备可以只画一套，备用设备一般可以省略。

(2) 工艺流程线的画法

① 用粗实线画出主要工艺物料流程线，用中粗实线画出公用工程等辅助物料流程线。
② 用箭头表明物料流向，并在流程线的起始和终了位置注明物料的名称、来源或去向；
③ 流程线一般画成水平或垂直。

一般在方案流程图中，只需画出主要工艺流程线，辅助物料流程线无须一一画出。如遇流程线之间、流程线与设备发生交错或重叠但实际并不相连的情况，应将其中的一线断开，断开处的间隙约是线宽的5倍；或让流程线曲折绕过设备图形，避免管道直接穿过设备。

(3) 设备的标注　在方案流程图的上方、下方或靠近图形的显著位置列出设备的位号及名称；或将设备依次编号，并在图纸空白处按编号顺序集中列出设备名称，如图6-49所示；对于流程简单、设备较少的方案流程图，图中的设备也可以不编号，将设备名称直接标注在设备的图形上。

一、请根据聚氨酯弹性体生产工艺流程简述，在方框内绘制该工艺的流程框图。

先将预聚体AOBO聚氨酯胶预热，并抽真空脱气泡；称取交联剂MOCA，用电炉加热熔化。将脱气泡后的预聚体和熔化后的MOCA混合，并搅拌均匀，随后再次抽真空脱气泡，将搅拌均匀且脱完气泡的混合物快速浇注到已经预热的模具中，置于硫化机中进行模压硫化处理，将模压硫化后的制品放在烘箱内继续硫化，然后在室温放置完成熟化，最后制得成品。

二、请根据聚异氰酸酯生产工艺流程简述，在方框内绘制该工艺的方案流程图。

在常温常压下，按照工艺配比要求向反应釜中加入乙二醇、1,4-丁二醇、己二酸，开启搅拌装置搅拌物料；当聚合物酸值达到一定值后，人工加入催化剂反应30分钟，启动真空泵对反应釜抽真空以降低酸值，提高聚合物分子量，打开氮气控制阀向反应釜通入氮气；保持启动油封式真空泵增加真空度除去残余的水和小分子醇，得到产品。

巩固练习

1. 请识读硬质聚氨酯泡沫生产工艺流程框图，并将答案填入表 6-18。

表 6-18　硬质聚氨酯泡沫生产工艺流程框图识读

序号	识读内容	
1	原料	
	产品	
2	基本工艺过程	

2. 请根据酯交换缩聚法生产聚酯的工艺流程描述，绘制该工艺的流程框图。

该法主要分两步，第一步是对苯二甲酸二甲酯（DMT）与乙二醇或 1,4-丁二醇在催化剂存在下进行酯交换反应，生成对苯二甲酸双羟乙酯（BHET）或双羟丁酯。酯交换缩聚法常用的催化剂为锌、钴、锰的醋酸盐。反应过程中不断排出副产物甲醇。第二步为生成的对苯二甲酸双羟乙酯或双羟丁酯在缩聚釜中进行缩聚反应，其间加入少量稳定剂以提高熔体的热稳定性。缩聚反应在高真空及强烈搅拌下进行，才能获得高分子量的产品。

3. 请根据脱丁烷工段的工艺流程描述，绘制该工艺的流程框图。

来自脱丙烷塔塔釜的原料送入脱丁烷塔（精馏塔）T204 的第 19 块塔板，经塔釜再沸器 E209A/B 提供热量进行物料分离。塔顶蒸汽经塔顶冷凝器 E210 冷凝后进入回流罐 V210，分为两路：一路经回流泵 P208A/B 送入塔顶回流，另一路作为 C_4 产品送出界区。塔釜得到的裂解汽油经冷却器 E211 冷却后送裂解汽油加氢装置。

4. 请识读某物料残液蒸馏系统方案流程图，并将答案填入表 6-19。

现代化工职业基础

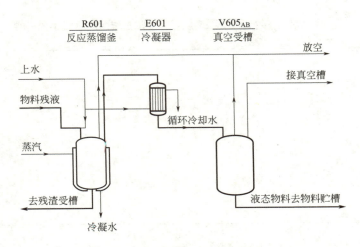

表 6-19　某物料残液蒸馏系统方案流程图识读

序号	识读内容	
1	原料	
	产品	
2	主要设备及其作用	
3	基本工艺过程	

5. 请识读固体盐制烧碱工艺方案流程图,并将答案填入表 6-20。

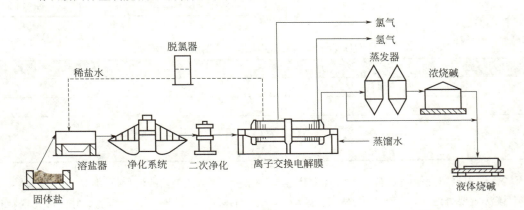

表 6-20　固体盐制烧碱工艺方案流程图识读

序号	识读内容	
1	原料	
	产品	
2	主要设备及其作用	
3	基本工艺过程	

6. 请根据第 3 题中脱丁烷工段的工艺流程描述,绘制该工艺的方案流程图。
7. 参观学校典型实训装置的工艺流程,绘制该装置的流程框图与方案流程图。

子任务三　工艺管道及仪表流程图识读

任务描述

小王通过识读装置的工艺流程示意图，了解了从原料到最终产品的基本工艺过程，接下来，他还必须学会识读工艺管道及仪表流程图，知晓工艺管道及仪表流程图涵盖的全部信息，从而熟悉并掌握工作所在装置的生产工艺流程和运行方案。

知晓工艺管道及仪表流程图的内容，掌握工艺管道及仪表流程图的图例及标注。
能按照工艺管道及仪表流程图的识读步骤和要求，识读工艺管道及仪表流程图。
遵循识图规定，养成严谨、规范的学习和工作作风。
遵守实训现场文明规范，具备良好的团队协作精神。

一、工艺管道及仪表流程图（P&ID）的内容

工艺管道及仪表流程图通常以工艺装置的主项（工段或工序）为单元绘制，也可以以装置为单元绘制，按工艺流程次序，将设备、管道、流程自左至右呈现在同一平面上。图样流程由各图例、标注等构成，还包括图框和标题栏。

1. 图例及标注

（1）设备的图例及标注
① 设备图例　各类设备的图例可参阅表6-21。
② 设备位号的标注　通常在工艺管道及仪表流程图中靠近设备图形的正上方或正下方会标注设备的位号和名称，包括设备类别代号、工段号、同类设备顺序号和相同设备尾号等，设备位号的标注如下所示。

a. 设备类别代号　按类别编制不同的设备代号，一般取该设备英文名称的首字母（大写）作为其代号，具体规定见表6-21。

表6-21　设备类别代号表

设备类别	设备代号	设备类别	设备代号
塔	T	容器（罐、槽）	V
泵	P	压缩机、风机	C
反应器	R	工业炉	F
换热器	E	火炬、烟囱	S

b. 工段号 一般采用一位或两位数字表示，如1～9或01～99。

c. 同类设备顺序号 按同类设备在工艺流程中流向的先后顺序编制，采用两位数字，从01开始，至99结束。

d. 相同设备尾号 两台或两台以上相同设备并联时，设备位号的前三项完全相同，可用不同的尾号加以区分。一般按照排列顺序依次以大写英文字母A、B、C、D……作为尾号。

（2）管路的图例及标注

① 管路图例 工艺管道及仪表流程图中有大量纵横交错的管道流程线用以连接设备。在不同情况下，管线的表示方法各异，见表6-22。

表6-22 工艺流程图中的管路图例

名称	图例	名称	图例
主要物料管路	——————— b	电伴热管路	———————
辅助物料管路	——————— $\frac{1}{2}b$	夹套管	———————
仪表管路	- - - - - - - - $\frac{1}{3}b$	可拆短管	— - — - —
蒸汽伴热管路	———————	柔性管	∿∿∿∿∿

② 管路的相关标注

a. 流体流动方向 流体的流动方向用箭头来表示。

b. 管线衔接 对于与其他工艺管道及仪表流程图衔接的管线，通常在图纸的始末两端如下所示：

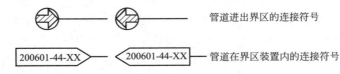

c. 管道组合号 每条管线上都标有管道组合号，它包括物料代号、工段号、管道顺序号、管径、管道等级和隔热代号，如下所示。

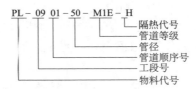

ⅰ. 物料代号

物料代号及物料名称的说明见表6-23。

表6-23 工艺流程图上的物料代号及物料名称一览表

物料代号	物料名称	物料代号	物料名称
AR	空气	H	氢
IA	仪表空气	HM	载热体
PA	工艺空气	N	氮
B	苯	NG	天然气
F	火炬排放气	O	氧
FG	燃料气	PG	工业气体
FO	燃料油	R	冷冻剂

续表

物料代号	物料名称	物料代号	物料名称
RO	原料油	CWS	循环冷却水上水
S	蒸汽	CWR	循环冷却水回水
HS	高压蒸汽	DW	饮用水
MS	中压蒸汽	RW	原水
LS	低压蒸汽	SW	软水
SC	蒸汽冷凝水	PL	工业液体
SO	密封油	TS	伴热蒸汽
W	水	VE	真空排放气

ⅱ．管径 管径通常标注的是公称直径。公称直径以毫米（mm）为单位，英制直径以英寸（in）为单位。

ⅲ．管道等级 每套化工装置的管道等级所采用的代号不尽相同，需认真查阅相关资料方可读图；对于工艺流程简单、管道品种不多的工艺管道及仪表流程图，管道组合号中的压力等级可以省略。

（3）管件、阀门的图例 在化工生产中会用到各种管件和阀门，用以连接管道并实现对管内流体的开关、控制、止回、泄压等功能。

常见的管件与阀门图例见表6-24。

表6-24 工艺流程图中常见的管件、阀门图例

管件					阀门			
名称	图例	名称	图例		名称	图例	名称	图例
同心异径管		漏斗	(敞口)	(封闭)	截止阀		蝶阀	
偏心异径管	(底平)(顶平)	视镜			闸阀		止回阀	
管端盲管		8字盲板	(正常开启)	(正常关闭)	疏水阀		角式截止阀	
管端法兰		管帽			球阀		三通截止阀	
放空管	(帽)(管)				旋塞阀			

（4）仪表控制点的图形及标注 仪表控制点是对流经管道和设备的物料进行温度、压力、流量、液位等参数的测量，并呈现指示、记录、控制、报警或连锁等相关功能的位置。

仪表控制点的图形及标注由三部分组成，即图形符号、字母代号和仪表位号，三者组合起来表示仪表安装位置、被测变量和仪表功能。

① 图形符号 仪表控制点的图形符号是一个细实线绘制的圆圈，表6-25列出了仪表安装位置的图形符号。

表 6-25 仪表安装位置的图形符号

序号	安装位置	图形符号	备注	序号	安装位置	图形符号	备注
1	就地安装	○		3	就地仪表盘面安装	⊖	
		⊢○⊣	嵌在管道中	4	集中仪表盘后安装	⊝	
2	集中仪表盘面安装	⊖	仪表安装在中央控制室	5	就地仪表盘后安装	⊜	

② 字母代号 仪表控制点的字母代号表示被测变量和仪表功能，表 6-26 列出了过程控制系统测量、控制符号及代号。

表 6-26 过程控制系统测量、控制符号及代号

代号	第一组：测量与输入单元		第二组：过程	代号	第一组：测量与输入单元		第二组：过程
	第一个字母	追加字母	后面的字母		第一个字母	追加字母	后面的字母
A	分析		限制信号、警报	Q	热量		合计
C			控制	R			记录
D	密度		差异	S			开关或联锁
E	电子单元		传感作用	T	温度		信号转换器
F	流量		协调	V			作用控制阀
I	电流		指示、信息	W	重量、质量		
L	水平（物位）			+			上限
P	压力			−			下限

③ 仪表位号 仪表位号由英文字母和阿拉伯数字组成。

第一位英文字母表示被测变量；后续英文字母表示仪表功能；阿拉伯数字表示装置号和仪表序号。

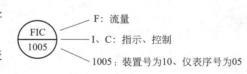

F：流量
I、C：指示、控制
1005：装置号为10、仪表序号为05

2. 图框与标题栏

（1）图框 用粗实线绘制。

（2）标题栏 标题栏注明图名、图号、设计阶段、设计人员及审核人员等内容。

	（单位名称）				（工程名称）	
职责	签字	日期		设计项目		
设计				设计阶段		
绘图			（图名）			
校核				（图号）		
审核						
年限			比例	第 张	共 张	

二、工艺管道及仪表流程图的识读

1. 识读要求

（1）知道主要物料、辅助物料（包括公用工程系统）的工艺流程、生产原理和仪表控制方案。
（2）了解设备、阀门、管件、仪表控制点的作用。
（3）了解管线的作用及管径、材质等的具体要求。

2. 识读步骤

（1）概括了解
① 阅读标题栏。
② 熟悉流程图的符号、代号说明及图例。
③ 按流程顺序浏览图纸。
④ 熟悉主要物料、辅助物料（包括公用工程系统）的工艺流程。
（2）视图分析
① 设备的数量、名称和位号。
② 管线情况。
③ 阀门和管件情况。
④ 仪表控制方案。
（3）归纳总结
掌握图纸表示的某工段（单元）物料的工艺流程，设备、管线及仪表的分类和数量等情况，并指出关键设备和主要的仪表控制点。

练一练

请识读图 6-51 反应器单元局部管道及仪表流程图，并将识读结果填入表格。

将 70℃ 的预聚物水性聚氨酯注入反应器，当注入量达到反应器容积的 40% 时停止进料，接着注入溶剂以降低水性聚氨酯的黏度，当注入量达到反应器容积的 20% 时停止进料。经搅拌充分混合后，注入反应器容积 1% 的中和剂，水性聚氨酯发生扩链反应，控制循环水流量维持反应温度在 80℃，反应压力为常压。反应结束后，向反应器中加入一定配比的去离子水以分散聚合物，同时将反应温度降至 50℃，反应器真空度控制在 0.07MPa（0.7bar），进行减压蒸馏。聚合物中的溶剂经冷凝后送至下一工段处理；溶剂被全部蒸出后，向反应器内充入氮气至常压，聚氨酯分散体送至后反应器进行乳化反应。

（1）对照流程图，找出本工段的主要设备，完成表 6-27。

表 6-27　主要设备一览表

序号	主要设备名称	设备位号	设备功能
1			
2			

（2）找出流程图中的仪表控制回路，完成表 6-28。

表 6-28 仪表控制回路一览表

序号	仪表标注	被测变量	仪表功能	仪表安装位置
1				
2				
3				
4				
5				
6				
7				

（3）写出流程图中主要物料管线的管径、材质、压力等级，完成表 6-29。

表 6-29 主要物料管线一览表

序号	主要管线	管内物料	管径	材质	压力等级
1					
2					
3					
4					
5					

（4）简述物料的工艺流程。

_____
_____
_____
_____
_____
_____
_____

 学习活动

现场工艺流程认知

1. 活动描述

请对照 C_2 加氢脱炔中试反应工段 P&ID（图 6-52）、C_2 加氢脱炔中试装置 P&ID 图例说明（图 6-53），现场认知工艺流程，熟悉生产工艺。

2. 安全提示

（1）进入实训室必须正确穿戴好劳动防护用品。

（2）严禁在实训场所嬉戏打闹和使用手机，不得随意跨越管道。

（3）遵守文明参观、操作的要求，不得随意开关阀门、按钮和操作装置设备。

（4）整个装置认知过程保持现场整洁。

3. 活动实施

（1）人员分工　请分小组完成设备辨识任务，建议 4～5 人/组。

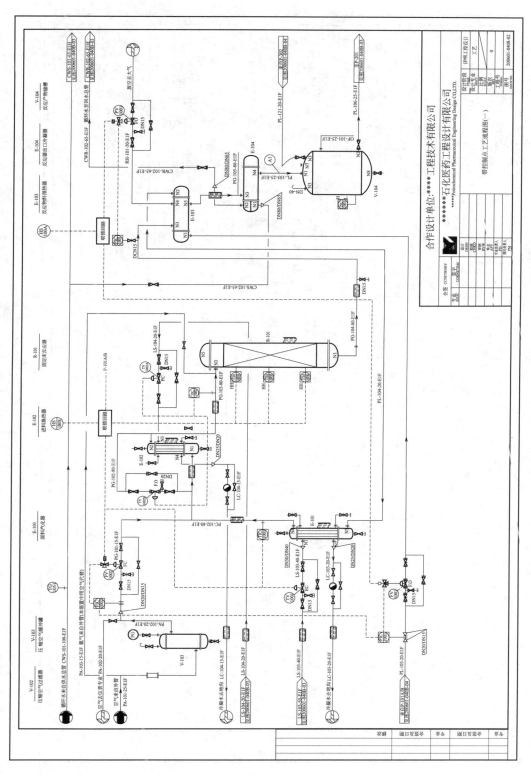

图6-52 C₂加氢脱炔中试反应工段P&ID

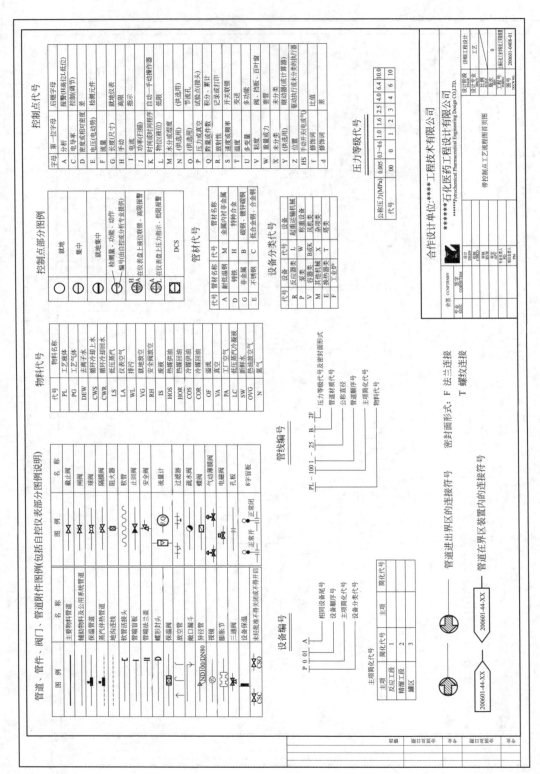

图6-53　C_2加氢脱炔中试装置P&ID图例说明

(2)认知现场工艺流程

①请对照 P&ID,在现场找到反应工段的主要设备,并完成表 6-30。

表 6-30　主要设备一览表

序号	主要设备名称	设备位号	数量	设备功能

②请对照 P&ID,在现场找到反应工段的仪表控制点,并完成表 6-31。

表 6-31　仪表控制点一览表

序号	仪表控制点	被测参数	仪表功能	仪表安装位置

③请对照 P&ID,在现场找到反应工段主要物料管线,并完成表 6-32。

表 6-32　主要物料管线一览表

序号	主要物料管线	管内物料	管径	材质	压力等级

④请简述反应工段工艺流程。
_____
_____
_____
_____
_____

4. 评估谈话

(1)在装置现场参观或操作要做好个人防护。在本次认知实操中,你认为要做哪些方面的个人防护工作?为什么?

(2)你认为 P&ID 识读的要点是什么?

(3)通过本次现场工艺流程认知,你有哪些收获?

5. 活动评价

活动评价表见表 6-33。

表 6-33 活动评价表

序号	评价项目	评价内容	配分	考核点说明	得分	评价记录
1	安全防护与准备	劳动防护用品选择及穿戴	5	正确选择并规范穿戴劳动防护用品，每个点得 1 分，不超过 5 分		
		安全须知的阅读与确认	5	安全须知阅读与确认		
2	工作过程	主要设备识别	24	在现场找到 P&ID 中所示主要设备并写出设备功能，每找到一个得 2 分，正确写出该设备功能得 1 分		
		仪表控制回路识别	15	在现场找到 P&ID 中所示仪表控制回路并写出控制类别，每找到一个得 2 分，正确写出其控制类别得 1 分		
		主要物料管线识别	24	在现场找到本工段的物料主管线并写出管线信息，每找到一条得 2 分，正确写出该管线的相关信息得 4 分		
		流程简述	12	能准确叙述完整流程得 12 分；能叙述二分之一（包含）以上的连续流程得 6 分，之后每对一点得 1 分；能叙述二分之一以下的连续流程，每对一点得 1 分		
3	评估谈话	答题准确度	15	答题表达准确得 5 分 / 题，基本准确得 3 分 / 题，词不达意不得分		
	总配分		100	总得分		

注：以上考核点中每个点的分值设定可以结合装置实际情况做调整。

巩固练习

1. 请根据所学知识，完成表 6-34。

表 6-34 仪表控制点

序号	仪表标注	被测变量	仪表功能	安装位置
1	LI 101			
2	FI 202			
3	TRC 303			
4	PIC 1001			

2. 请根据 C_2 加氢脱炔中试分离工段 P&ID（图 6-54）、C_2 加氢脱炔中试分离装置 P&ID 图例说明（图 6-55）完成下面练习。

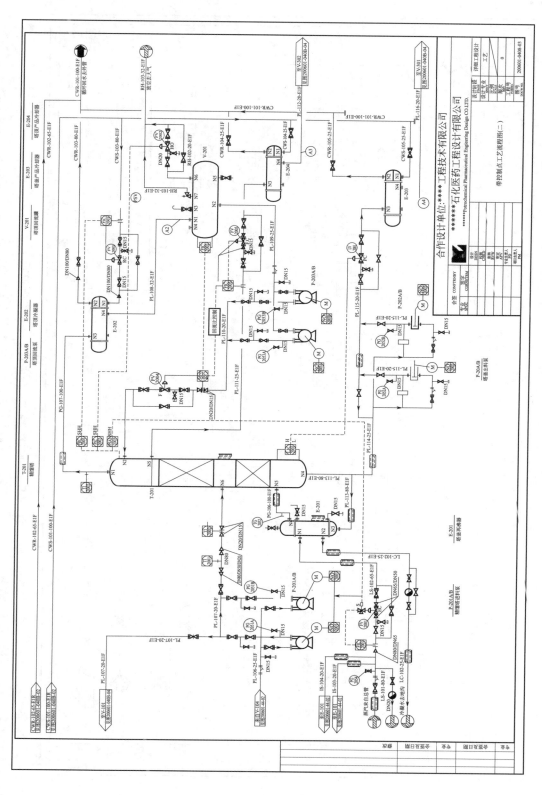

图6-54 C₂加氢脱炔中试分离工段P&ID

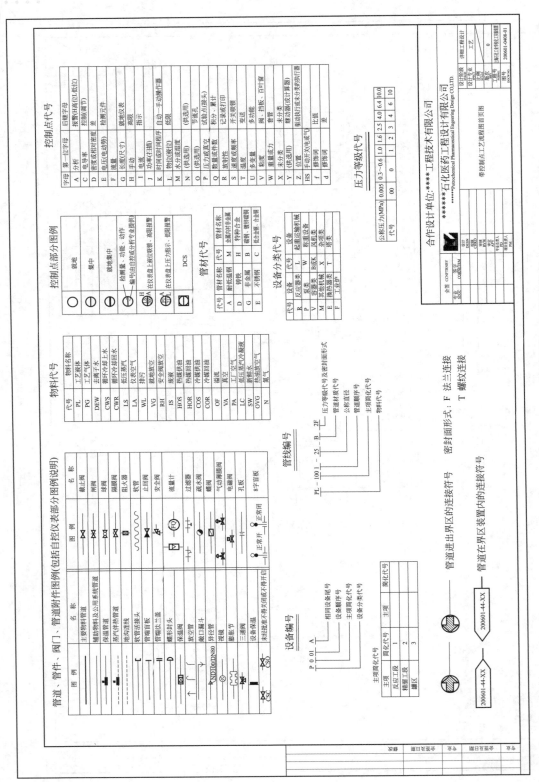

图6-55 C₂加氢脱炔中试分离装置P&ID图例说明

(1) 请对照 P&ID，找出本工段的主要设备，完成表 6-35。

表 6-35　主要设备一览表

序号	主要设备名称	设备位号	设备功能

(2) 请对照 P&ID，找出本工段的仪表控制回路，完成表 6-36。

表 6-36　仪表控制点一览表

序号	仪表标注	被测变量	仪表功能	仪表安装位置

(3) 请对照 P&ID，完成表 6-37。

表 6-37　主要物料管线一览表

序号	主要管线	管内物料	管径	材质	压力等级

（4）请简述本工段的工艺流程。
_____
_____
_____
_____

文本文件资源

教学视频动画资源

学习情境七
现场巡检

情境描述

小王上岗了,现场巡检是他的日常工作之一,他需要熟记装置巡检路线和检查标准,运用"看、听、闻、测、记"五字巡检法,定时对动、静设备的运行状态进行专项检查,对现场工艺参数进行监控并记录,以确保在巡查中第一时间发现异常、消除隐患,保证装置的安全平稳运行。

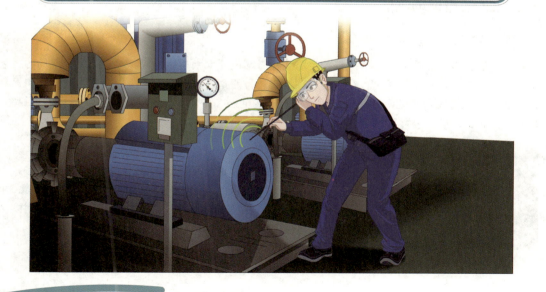

任务　现场巡检

任务描述

小王将要进行第一次现场巡检，他需要按照装置巡检路线和检查标准，应用"看、听、闻、测、记"五字巡检法，对化工装置动设备、静设备的运行状态及现场工艺参数进行检测、检查与记录。

学习目标

能概述化工装置现场巡检的定义、目的与重要性。

认识常用化工装置现场巡检工具，并能概述其用途。

知晓常见动、静设备的巡检项目，能检查、记录设备巡检的相关内容。

根据巡检路线和巡检要求，进行化工装置现场巡检。

具备科学判断、严谨细致的工作态度。

由于化工生产具有高温高压、有毒有害、易燃易爆及连续化生产的特点，任何一个设备部位发生泄漏或故障，都可能引发事故，造成不可估量的损失。事故的发生是由量变到质变的过程，往往要经历设备正常、事故隐患出现、事故发生三个阶段。及时发现隐患并正确处理是避免事故的关键所在。

一、化工装置现场巡检

1. 巡检的定义及目的

化工装置现场巡检是指操作工按特定路线及时间循环地到指定位置，对化工装置现场各工艺数据进行记录，对化工设备进行对应的专项检查。目的是通过巡检有效监控装置工艺参数和设备运行状况，及时发现工艺操作和设备运行中存在的问题和缺陷，第一时间处理故障、消除缺陷，防止事态扩大，确保装置平稳、安全生产。

以高压管道爆裂为例，管道必定有个变形到泄漏的过程，表现为外形改变、振动、漏气等，同时发出异响，介质泄漏量越来越大，管壁会变薄、鼓包，这是个量变的过程，如果巡检人员及时发现异常并正确处置，就可避免管道爆裂进而避免可能发生的事故。

2. 巡检工具

化工装置巡检人员在巡检时一般需携带巡检包、对讲机、测温仪、测振仪、有毒气体检测仪、听音棒、F形阀门扳手、活络扳手等工具。随着信息技术的不断发展，带有感应和记录等功能的电子巡检器逐渐被应用于化工装置巡检中。常用巡检工具及其用途见表7-1。

表 7-1 常用巡检工具及其用途

巡检工具	图片	用途
巡检包		放置巡检工具
对讲机		巡检中沟通联络
测温仪		测量设备外表温度
测振仪		测量动设备的振动位移、振动速度、振动加速度
有毒气体检测仪		有毒气体浓度测量与声光报警提示
听音棒		监听设备内部声音,判断设备运行工况是否异常
F 形阀门扳手		开关阀门
活络扳手		装卸压力表,紧固法兰、螺栓、螺母
巡检仪		采集并记录工艺参数与设备运行参数,记录操作工到规定巡检点的时间

3. 巡检着装要求

化工装置巡检时,巡检人员需规范穿戴安全帽、防静电工作服、安全鞋、防护眼镜、防护手套等基本劳动防护用品(如图 7-1 所示),并随身携带巡检所需检测工具和作业工具。

二、现场巡检路线与方法

1. 巡检路线

图7-1 装置巡检规范着装

巡检路线的设置,要做到巡检覆盖面广,巡检路线合理。根据装置分布特点、设备运行特点,巡检路线应包含若干个重要巡检点,设置时应避免重复及高低巡检点多次往复,做到时间安排合理。巡检要坚持关键设备必到、动设备必查、关键工艺数据必对、巡检无死角等原则。

2. 巡检方法

在化工装置巡检中常采用"看、听、闻、测、记"五字巡检法,是通过巡检人员的眼、鼻、耳、嘴、手及巡检工具,对运行设备的形状、位置、颜色、气味、声音、温度、振动等进行全面检查,同时对温度、压力、流量、液位、电流等参数进行全方位监控。通过检查比较,及时发现异常，并做出正确判断后进行处理。

看：要做到眼勤。从设备的外观发现跑、冒、滴、漏，通过设备甚至零部件的位置、颜色的变化，发现设备是否处在正常状态。

听：要做到耳勤。巡检人员要耳听四方，检查设备声音是否异常，是否出现异响。

闻：要做到鼻勤。充分利用自己的嗅觉，关注设备附近环境的气味变化，第一时间发现物料泄漏。

测：要做到手勤。通过手的触觉和专业工具，对设备的运行参数进行检查和测量，判断设备运行中的温度变化、振动情况等。

记：要做到脑勤。对设备的运行状况及存在的安全隐患了如指掌；对工艺设备的控制指标和实时数据做到心中有底。

三、化工设备巡检

化工装置设备种类和数量繁多，设备故障可能给生产工艺和生产安全造成不可预知的损失。设备巡检是有效保证设备运行安全和稳定的重要手段，也是化工装置巡检的主体内容。化工装置设备巡检主要分为动设备巡检和静设备巡检两大类。

1. 动设备巡检

（1）巡检内容　化工装置中的动设备主要包括旋转机械和往复机械，如流体泵、电机、风机、各类控制阀、各种形式的大型机组等。动设备巡检主要项目及内容如表 7-2 所示。

表 7-2　动设备巡检主要项目及内容

巡检项目	巡检内容	可用巡检工具
机泵运行参数	机泵的进出口压力、进出口温度、出口流量、轴承（轴瓦）振速与振幅、轴承温度的检测及检查	巡检仪、测振仪、测温仪、对讲机
机泵异常状态	抽空、气缚、气蚀、喘振、憋压、异声、泄漏等	听音棒、活络扳手
机泵密封系统	机械密封泄漏量、机械密封反冲洗、串级密封中间罐（液位、温度、压力）、机械密封端面温度检查	测温仪、活络扳手
机泵润滑系统	油雾润滑系统（发生器、分配器、集油杯、集油箱、油雾压力、油雾密度）、润滑油压力、轴承箱润滑油液位、润滑油色泽、润滑油温度、补油杯液位、润滑油（油雾）泄漏点检查	活络扳手
机泵冷却系统	冷却循环水进出口压力、冷却循环水流量、冷却循环水畅通性、泄漏点检查	活络扳手
机泵电机系统	电机电流、电机启停开关、电机定子温度、电机轴承温度、电机振速及振幅、电机接地线、电机轴承自动加脂机检查	测温仪
机泵其他项目	预热工况、进出口压力表、出口安全阀、盘车、进出口管路及阀门泄漏检查	活络扳手、F形扳手、有毒气体检测仪
控制阀	阀位精确度、动作灵活性、仪表风压、阀门定位器、控制阀芯及法兰泄漏检查	活络扳手、有毒气体检测仪

加油站

动设备的巡检方法

装置巡检中通常采取"一看、二听、三触摸"的方法进行动设备的专项检查,以离心泵的检查为例,如图 7-2 所示。

① 一看　看其运行状况及相关指示仪表的状态显示(压力、温度、油位等)。

② 二听　听其运转噪声,是否有异常的声响。

③ 三触摸　可结合相关的测量仪器感觉设备运转的振动、温度等是否异常。

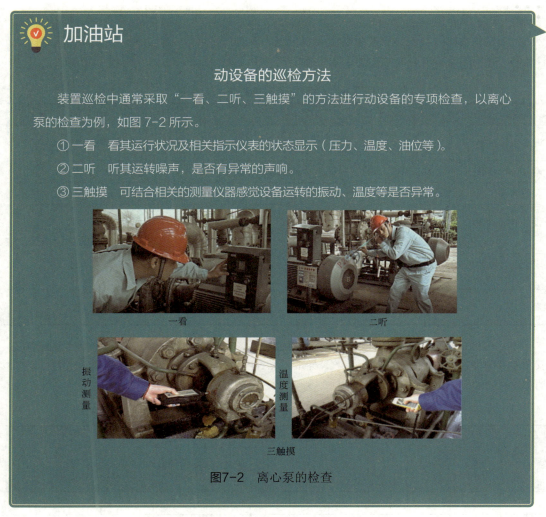

图7-2　离心泵的检查

(2)巡检记录　化工装置现场巡检时需及时填写记录,动设备巡检记录内容包括设备设施运行情况、仪表数据、检测数据、异常状况等。某化工装置动设备巡检记录表如表 7-3 所示。

表 7-3　某化工装置动设备巡检记录表

××装置机泵巡检记录表												
日期：					班组：				记录人：			
机泵位号	轴承振动速度(前端面)	轴承振动速度(后端面)	轴承温度(前端面)	轴承温度(后端面)	出口压力	润滑状况	马达轴承振动速度	马达轴承温度	电流	端面密封	备泵完好状况	备注
	mm/s	mm/s	℃	℃	MPa	正常	mm/s	℃	A	滴/min		
P201												
P202												
P203												
P301												
P302												
P401												
P701												

2. 静设备巡检

（1）巡检内容　化工装置静设备主要包括塔、容器、换热器、加热炉、反应器、普通阀门、管道等。对于静设备，巡检主要项目及内容如表7-4所示。

表7-4　静设备巡检主要项目及内容

巡检项目	巡检内容	可用巡检工具
设备本体及支座	设备本体无严重腐蚀，无变形、鼓包、裂纹等缺陷；设备支座完整牢固，无明显沉降、开裂、倾斜；地脚螺栓紧固等	活络扳手、对讲机
设备运行参数	压力、温度、液位（料位）、进出流量等检查	巡检仪、对讲机
设备异常工况	泄漏点、超温点、异常振动、异声等检查	测温仪、测振仪、对讲机
设备外部及附件检查	人孔及本体法兰完好性、保温及油漆完整性、楼梯栏杆扶手完整性及安全性、管架及支架完整性及安全性、外接口完好性等检查	活络扳手、对讲机
安全附件及仪表附件检查	安全阀、压力表、温度计、液位计（料位计）等专项检查	对讲机
管道	跑冒滴漏情况、管道仪表、支架、变形等检查	活络扳手、F形扳手、对讲机、有毒气体检测仪

（2）巡检记录　静设备巡检记录主要包括管道设备外观支座、管道设备的连接处密封情况、安全阀及附件完好情况、设备运行参数、异常工况等内容。某化工装置静设备巡检记录表如表7-5所示。

表7-5　某化工装置静设备巡检记录表

××装置静设备巡检记录表											
设备位号	设备本体	基础支座	设备运行参数				安全阀	设备外部及附件	异常记录	巡检时间	巡检人
			温度	压力	液位	流量					

巡检人员在巡检中发现设备缺陷，能排除的应立即排除，并在巡检记录表中详细记录。岗位操作人员无法排除的设备缺陷要详细记录并逐级上报，同时加强观察，注意缺陷发展。

想一想

化工装置现场巡检多长时间执行一次呢？

《危险化学品企业安全风险隐患排查治理导则》规定：开展安全风险隐患排查的频次应满足装置操作人员现场巡检间隔不得大于2小时，涉及"两重点一重大（重点监管的危险化学品、重点监管的危险化工工艺、危险化学品重大危险源）"的生产、储存装置和部位的操作人员现场巡检间隔不得大于1小时。

巩固练习

1. 化工装置巡检指的是操作工按特定路线及时间循环地到指定地点或位置，对化工装置现场_____进行记录，以及对_____进行对应的专项检查。
2. 化工装置运行过程中为什么要进行现场巡检？
3. 常用的巡检工具有（   ）。（多选题）
   A．对讲机　　　　B．测振仪　　　　C．气体检测仪　　　　D．盲板
   E．听音棒
4. 日常巡检需要穿戴的劳动防护用品有（   ）。（多选题）
   A．安全帽　　　　B．防静电工作服　　C．空气呼吸器　　　　D．防护眼镜
   E．工作鞋
5. 《危险化学品企业安全风险隐患排查治理导则》规定：一般化工装置操作人员现场巡检间隔不得大于_____h，导则中规定的"两重点一重大"的生产、储存装置和部位的操作人员现场巡检间隔不得大于1h。这里的"两重点一重大"指的是_____。
6. 写出离心泵巡检部位（内容）、方法及工具。

巡检部位（内容）	巡检方法	巡检工具

7. 简述静设备巡检内容。

学习情境七 教学视频动画资源

学习情境八
装置检修

情境描述

化工装置的管道、设备等经过一段时间的连续运转后很可能出现磨损、泄漏、破裂、堵塞等问题,对生产造成不利影响,甚至会引发安全事故。小王和他的团队在完成日常生产工作的同时,还需密切配合公司检维修部门,落实国家标准和公司作业许可制度要求,做好检维修作业的安全保障措施,以确保装置检维修作业的安全。

任务一　作业许可与能量隔离

任务描述

化工装置检修时经常需要打开管道或设备进行相关操作，有些管道或设备中往往蕴藏着危险能量，导致检修工作具有很大的安全隐患。实施作业许可制度和应用能量隔离方法，将会有效避免事故发生。小王需要掌握作业许可制度及工作流程，识别并按照规范的作业程序消除或隔离、控制危险能量，从而确保检修工作的安全进行。

学习目标

能概述作业许可的适用范围与流程。
知晓化工过程常见的危险能量，能识别特定工作任务中的危险能量。
能概述能量隔离和上锁挂牌的目的和方法，规范执行检修之前的能量隔离操作。
敬畏制度，严格执行作业许可制度。

化工生产装置检修与其他行业的检修相比，具有复杂程度高、危险性大的特点。据统计，近一半的化工行业重大安全事故发生在装置检修过程中。避免或减少检修安全事故，是实现石油化工企业安全生产的重要环节。实施作业许可制度和应用能量隔离方法是有效加强检修作业过程管理和控制危险能量的重要手段，也是避免检修事故发生的重要举措。

一、作业许可

作业许可制度是指在进行非常规作业或危险作业前，为保证作业安全，必须通过审批许可方可实施作业的一种作业安全管理制度。严格执行作业许可制度，充分开展作业安全风险的识别和评价，并采取有效的安全管控措施，是保障作业全过程安全的有效途径。

1. 作业许可的适用范围

从事非常规作业和危险作业，必须执行作业许可制度。

非常规性作业是指临时性的、缺乏程序规定的以及承包商作业的活动，包括未列入日常维护计划的和无程序指导的维修作业。

危险作业包括《危险化学品企业特殊作业安全规范》（GB 30871—2022）规定的八大特殊作业（见图8-1）、储罐切水、液化烃充装以及安全风险较大的设备检维修等。危险作业由于操作过程中安全风险较大，容易发生人身伤亡或设备损坏，导致产生严重后果的事故，因此必须建立并严格履行作业许可管理制度。

图8-1　八大特殊作业

学习情境八　装置检修

2. 作业许可流程

作业许可流程分为申请、审批、实施和关闭四个环节，每个环节由若干个步骤组成，如图8-2所示。

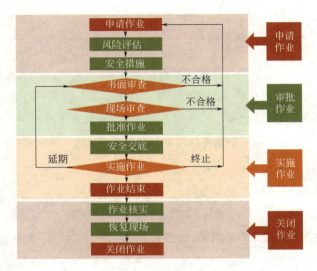

图8-2 作业许可流程

（1）**申请作业** 申请人是作业开始前填写安全作业票（也称为"作业许可证"）并向作业批准人提出作业申请的人员，一般为作业点所在单位或施工单位的指定人员。申请人必须在作业前充分核实作业内容、作业步骤，组织开展相应的作业安全风险评估，明确相应的作业安全管控措施，而后按照要求填写安全作业票并不得涂改。

（2）**审批作业** 批准人（审批人）负责作业票的审核与批准，一般为企业授权的各类管理人员，如基层单位的管理者（班长、车间主任等），安全管理部门、公司主管领导。批准人的职责要求如下：

① 应在作业现场完成审批工作。

② 应检查安全作业票审批级别与企业管理制度中规定级别一致情况，各项审批环节符合企业管理要求情况。

③ 应检查安全作业票中各项风险识别及管控措施落实情况。比如：与作业有关的设备、工具、材料，现场作业人员的资质及能力，系统隔离、置换、吹扫等安全措施的落实，劳动防护用品的配备，消防设施/应急设施的配备等。

（3）**实施作业** 作业人员应在作业前充分核实各项安全作业条件，并严格落实安全作业票及作业安全分析中的各项要求。有下列情况之一时，不准许作业：

① 作业人员不了解作业内容。

② 技术要求存在风险、应急措施不到位。

③ 未落实风险控制措施。

④ 没有作业票或者其他许可文件。

⑤ 没有相应的操作证。

（4）**关闭作业** 当作业完成后，申请人与批准人确认并签字，作业票关闭。需确认的事项如下：

① 现场没有遗留任何安全隐患。

② 现场已恢复到正常状态。

③ 验收合格。

3. 作业票的取消与延期

（1）作业票的取消　发生如图 8-3 所示任一情况时，应立即收回作业票，在作业票上做好"作废"标注，同时停止现场作业。如需继续开展作业，需重新办理安全作业票。

图8-3　需重新办理作业票的情形

（2）作业票的延期　作业票的有效期限一般不超过一个班次。作业票可延期，在书面审查和现场核查时确认期限和延期次数（最多 2 次），延期只适用于安全措施有效，作业条件、作业环境没有变化的情况，申请人、批准人及相关方重新核查工作区域。涉及特殊作业的，必须严格执行《危险化学品企业特殊作业安全规范》（GB 30871—2022）中的相关要求。

二、能量隔离

危险能量是指可能造成人员伤害或财产损失的工艺物料或设备所含有的能量。主要是指电能、机械能（移动设备、转动设备）、热能（机械或设备、化学反应）、势能（压力、弹簧力、重力）、化学能（毒性、腐蚀性、可燃性），辐射能及潜在或存储的其他能量。化工生产由于其物料的危险性和高温高压等操作条件，往往具有多种危险能量，若不控制好让能量意外释放，将对人员的健康安全造成威胁。化工生产中常见的危险能量及其伤害后果如图 8-4 所示。

事故案例

2015 年 6 月 8 日，某公司承包商员工在拆除消防水管一球阀下游（球阀上游仍有压力）的管线时，不慎将球阀阀体拆开，阀体内的钢球被消防水冲出，打在该员工的脸上，所幸该员工当时戴着安全眼镜，没有造成严重伤害。

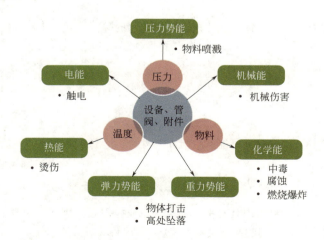

图8-4　化工生产中常见的危险能量及其伤害后果

当要进入、改造、维修某个设备，或工作于电气系统或带压管道时，需要对其危险能量源进行隔离，避免能量意外释放。能量隔离的基本流程如下：

1. 工作危害分析（job hazard analysis，JHA）

为控制化工生产过程中的危险能量，执行工作任务前需首先进行危害分析。根据 JHA 分析结果，制定针对性措施，以达到消除和控制风险、减少和杜绝事故的目的。

2. 隔离方法选择

能量隔离通常的做法是将阀门、电气开关等设定在合适的位置，或借助特定的设施，使设备不能运转或能量不能释放。常用的能量隔离方法包括：

（1）切断电源。
（2）阀门隔离　关闭阀门［图8-5（a）］。
（3）阀门隔离　双切断加导淋［图8-5（b）］。
（4）完全隔离　加装（翻）盲板［图8-5（c）］。
（5）完全隔离　拆除管线加盲法兰［图8-5（d）］。

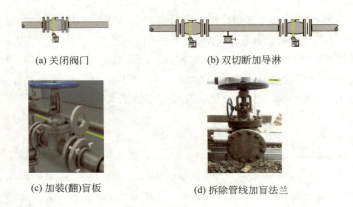

图8-5　能量隔离方法

由于阀门有发生内漏的可能性，因此采取关闭阀门的隔离方式有串料风险，对于存在化学品的系统，一般均需采用完全隔离。隔离方法的选择取决于以下几方面：

① 隔离物料的危险性。
② 管线系统的结构。
③ 管线打开的时间。
④ 管线打开的频率。
⑤ 因隔离（如吹扫、清洗等）可能产生泄漏的风险。
⑥ 过去管线打开的经验等。

3. 实施隔离

（1）电气隔离　电气隔离需由具有资质的电气作业操作人员执行。一般来说，主电源开关是电气驱动设备主要隔离点，附属的控制设备如现场启动/停止开关不可单独作为隔离点。
（2）物料隔离　采取关闭阀门的隔离方法需充分评估，只能应用于低风险的工作中，电磁阀和气动阀不能作为隔离阀。采用拆除管线加盲板的隔离方法需注意在拆除管线时防止管道内余压或残余物料喷出。因此,在拆除管线前,必须通过泄压、退料等方式释放管线中的残余能量。

4. 上锁挂牌

(1)上锁 利用锁具将需要进行能量隔离的电气开关、阀门、设施等进行锁定,确保设备能源被绝对关闭,设备保持在安全状态,防止误操作启动设备或使物料流通意外释放能量造成危害,等到维修、调试等工作完全结束后移除锁具,图8-6和图8-7为阀门和电气设备上锁实例。

图8-6 阀门上锁实例

图8-7 电气设备上锁实例

 事故案例

2003年3月17日晚7时许,某石油公司一位员工的父亲接到女儿单位的电话,称当日下午五时许,他女儿在公司石油化工厂高密度乙烯车间做包装工作时被夹进包装机内死亡。六个小时后,调查人员在仔细查看现场后认为,他女儿在机器停转中进行维修时,有人启动了电源按钮,由此被夹身亡。

上锁根据作业项目的复杂程度,分为简单作业项目上锁和复杂作业项目上锁。

① 简单作业项目上锁 一个作业项目只有一个或少量隔离点时,作业人员可以直接用个人锁锁住隔离点。

② 复杂作业项目上锁 一个作业项目有多个隔离点时,一般采用集体锁和集体锁箱进行隔离点的锁定。

a. 集体锁 用于锁住隔离点并配有锁箱的安全锁,集体锁可以是一把钥匙配一把锁,也可以是一把钥匙配多把锁。

b. 集体锁箱 用于存放集体锁的钥匙,带有若干小孔可挂多把锁具(如图8-8所示)。

多个隔离点的上锁按下列顺序实施:

i. 用集体锁将所有隔离点上锁。

ii. 将集体锁的钥匙放入集体锁箱,钥匙号码与现场安全锁对应。

图8-8 集体锁箱

iii. 每个作业人员用自己的个人锁锁住锁箱。

iv. 作业人员完成作业后,将自己的个人锁从锁箱拆除,只有所有作业人员都完成作业并拆除个人锁后,才能打开集体锁箱取出集体锁的钥匙,拆除现场隔离点的锁具。

(2)挂牌 如图8-9所示,将能量隔离的部件挂上"危险,禁止操作!"标牌,并标明时间、事项、人员等信息,以表明不得操作能量隔离装置和设备,直至标牌撤除。

图8-9 挂牌实例

5. 隔离测试

能量隔离及上锁挂牌后需测试隔离的有效性,可采用开启阀门确认能否打开、按下启动按钮/开关确认电气设备是否运转等方法。

化工装置设备多,管线复杂,检修作业往往涉及多种能量,需要实施多点隔离,企业常通过编制"能量隔离清单"(见表8-1)的方式来确保能量隔离的准确执行,防止工作中出现遗漏或失误。能量隔离清单由作业人和测试人签字确认,经作业相关负责人审核后张贴在作业现场醒目处。

表8-1 能量隔离清单示例

隔离系统/设备:			
危害	□物体打击 □机械伤害 □触电 □淹溺 □灼烫 □火灾 □高处坠落 □瓦斯爆炸 □锅炉爆炸 □容器爆炸 □其他爆炸 □中毒和窒息 □其他伤害		
能量/物料	隔离方法	上锁挂牌点	测试确认
	□拆除管线加盲板		
	□加装(翻)盲板		
	□双切断加导淋		
	□关闭阀门		
	□切断电源		
	□其他_____		
	□拆除管线加盲板		
	□加装(翻)盲板		
	□双切断加导淋		
	□关闭阀门		
	□切断电源		
	□其他_____		
...	...		

拓展阅读

1.《危险化学品企业特殊作业安全规范》(GB 30871—2022);

2.《化工企业能量隔离实施指南》(T/CCSAS 013—2022)。

巩固练习

1. 列举《危险化学品企业特殊作业安全规范》(GB 30871—2022)中的八大特殊作业。

2. 作业许可流程包括_____、_____、_____、_____四个环节。

3. 下列属于化学能的有(   )。(多选题)
   A．物料的毒性   B．物料的可燃性   C．物料的腐蚀性   D．物料的压力

4. 动设备通常具有的危险能量包括(   )。(多选题)
   A．动能   B．电能   C．机械能   D．热能

5. 管道中的压力势能意外释放可能造成(   )。(多选题)
   A．物料喷溅   B．人员触电   C．人员烫伤   D．人员中毒

6. 请按照隔离的可靠程度从大到小排序：_____。
   ① 双阀隔离   ② 法兰间加盲板   ③ 拆除管线加盲法兰   ④ 单阀隔离

7. 上锁是指利用_____将需要进行能量隔离的_____进行锁定，确保设备能源被绝对关闭，设备保持在安全状态，防止误操作_____或_____意外释放能量造成危害。

8. 某化工企业 PVC 合成车间更换冷凝器时，管道系统内部的酸喷到操作人员的脸部，造成化学灼伤，该事故中，哪种危险能量未做好隔离？如何做才能避免此类事故发生？

任务二　受限空间作业

任务描述

反应器、储罐等设备由于长期使用，可能出现内壁涂料脱落、物料堵塞内部结构等问题，需要人员进入设备内部（受限空间）进行检查、维修、维护、清理等工作。小王和他的团队需要采取适当的措施排除受限空间作业的风险，确保检修人员安全进入并实施检维修作业。

学习目标

能概述受限空间作业危险特性、安全措施及要求。
细致查找风险因素，科学制定并落实受限空间作业安全措施。
敬畏制度，严格遵守受限空间作业流程与规范。
按照作业许可管理流程，分工合作完成受限空间作业。

一、受限空间概念

受限空间是指进出受限，通风不良，可能存在易燃易爆、有毒有害物质或缺氧，对进入人员的身体健康和生命安全构成威胁的封闭、半封闭设施及场所。包括反应器、塔、釜、槽、罐、炉膛、锅筒、管道以及地下室、窨井、坑（池）、管沟或其他封闭、半封闭场所。

二、受限空间作业危险特性

受限空间作业涉及的领域广、行业多，作业环境复杂，危险有害因素多，容易发生安全事故，造成严重后果。与化工生产相关的受限空间主要危险特性如下：

1. 气体环境不良

生产、储存或使用危险化学品时，由于受限空间狭小，通风不畅，不利于气体扩散，可能积聚形成较高浓度的有毒有害和窒息性气体，引发中毒、窒息事故。

① 主要毒性气体　硫化氢、一氧化碳、氨等。
② 主要窒息气体　氮气、二氧化碳等。

2. 串料

化工场所的受限空间与其他设备管道相连，若安全措施不当，未能将受限空间与物料流通系统有效隔离，可能会发生串料，导致人员受伤害。

3. 救援困难

受限空间照明、通信不畅，给应急救援带来困难。据统计，受限空间作业事故死亡人员有50%是救援人员，因此施救不当造成伤亡扩大是受限空间事故的显著特征。

除上述危险特征外，根据工艺情况和任务特点，受限空间作业还可能存在可燃气体和爆炸性气体，作业人员还有可能遭受被淹没、机械伤害、高处坠落、电击、中暑、噪声伤害等危险。

事故案例

2019年2月15日，广东省某纸业有限公司环保部主任安排2名车间主任组织7名工人对污水调节池进行清理作业。当晚11时许，3名作业人员在池内吸入硫化氢后中毒晕倒，池外人员见状立刻呼喊救人，先后有6人下池施救，其中5人中毒晕倒在池中，1人感觉不适自行爬出。事故最终造成7人死亡、2人受伤，直接经济损失约1200万元。

三、受限空间作业安全措施及要求

为做好作业前的风险识别与控制，受限空间作业申请单位在作业前必须会同施工单位针对作业内容开展 JHA 分析，并针对每种危险制定并落实安全措施，受限空间作业主要安全措施包括能量隔离、通风、气体监测、个体防护、作业监护等。

1. 能量隔离

受限空间与其他系统连通的可能危及安全作业的管道或电气应有效隔离。与受限空间相连通的管道系统安全隔离一般采用插入盲板或拆除一段管道加盲法兰的方法。受限空间带有搅拌器等用电设备时，应在停机后切断电源，上锁挂牌。

2. 物料排空

受限空间作业前，排尽设备和管路系统中的物料，还应根据受限空间盛装（过）物料的特性，对受限空间进行清洗、蒸煮或置换，使空间内气体达到以下要求：

① 氧含量一般为 19.5%～21%，在富氧环境下不得大于 23.5%。

② 有毒物质允许浓度应符合《工作场所有害因素职业接触限值 第1部分：化学有害因素》（GBZ 2.1—2019）的要求。

③ 可燃气体、蒸汽浓度：当被测气体或蒸汽的爆炸下限大于或等于 4% 时，其浓度不大于 0.5%（体积分数）；当被测气体或蒸汽的爆炸下限小于 4% 时，其浓度不大于 0.2%（体积分数）。

3. 通风

打开人孔、手孔、料孔、风门、烟门等与大气相通的设施进行自然通风，必要时可采取强制通风。采用管道送风时，送风前应对管道内介质和风源进行分析确认。禁止向受限空间充纯氧气或富氧空气。

4. 气体监测

作业前 30 分钟内，应对受限空间进行气体采样分析，气体环境合格后方可进入。采样人员应做好充分的个人防护。采样点应具有代表性，容积较大的受限空间应对上、中、下（左、中、右）各部位进行监测分析。另外，根据工作任务特点，还有如下要求：

① 作业时，作业现场应配置移动式气体检测报警仪，连续检测受限空间内可燃气体、有毒气体及氧气浓度，并 2 小时记录 1 次；气体浓度超限报警时，应立即停止作业、撤离人员、对现场进行处理，重新检测合格后方可恢复作业。

② 作业中断超过 60 分钟，应重新进行监测分析。

5. 个体防护

受限空间经清洗吹扫置换不能达到气体要求时，应采取相应的个人防护措施方可进入作业。

① 缺氧或有毒环境　应佩戴满足 GB/T 18664—2002 要求的隔绝式呼吸防护装备，并正确栓带救生绳。

② 易燃易爆环境　穿防静电工作服、工作鞋，使用防爆型低压灯具及不产生火花的工具。

③ 酸碱等腐蚀环境　穿戴耐酸碱工作服、工作鞋、手套等。

④ 噪声环境　佩戴耳塞或耳罩等防噪声护具。

6. 作业监护

受限空间作业应设有专人监护。监护人应在受限空间外进行全程监护，不应在无任何防护措施的情况下探入或进入受限空间；在风险较大的受限空间作业时，应增设监护人员，并随时与受限空间内作业人员保持联络；监护人应对进入受限空间的人员及其携带的工器具种类、数量进行登记，作业完毕后再次进行清点，防止遗漏在受限空间内。

7. 其他注意事项

① 在受限空间作业时应在受限空间外设置安全警示标志，出入口保持畅通。

② 受限空间外应备有空气呼吸器、消防器材等相应的应急用品。

③ 受限空间照明电压应小于等于 36V，在潮湿容器、狭小容器内作业电压应小于等于 12V。

④ 作业前后应清点作业人员和作业工器具。作业人员离开受限空间作业点时，应将作业工器具带出。

⑤ 作业结束后，由受限空间所在单位和作业单位共同检查受限空间内外，确认无问题后方可封闭受限空间。

四、受限空间作业前准备

受限空间作业

- 避免发生受限空间事故，始终牢记安全至上，生命至上。
- 敬畏制度，自觉遵守《危险化学品企业特殊作业安全规范》(GB 30871—2022)。
- 按照作业许可证管理流程，分工合作完成任务。
- 细致查找风险因素，科学制定作业安全措施。

1. 安全提示

（1）劳动防护用品需检查后进行穿戴，如安全帽、防护手套等。

（2）工器具使用前需检查其有效期、是否能正常工作等，切忌蛮力操作。

（3）气体分析合格后才能进入设备。

（4）进入设备时注意防止磕碰。

（5）操作电气设备时，注意绝缘防护，避免接触带电部位。

2. 外围设备、工具的准备

进入受限空间作业之前要对安全措施进行落实。另外，受限空间作业本身需要用到一些特定的设备和工具，常用的受限空间作业设备和工具见表 8-2。

表 8-2 常用受限空间作业设备和工具

序号	名称	数量	备注	单位
1	轴流式通风机	1	带风管	个
2	气体采样器	1	根据介质种类确定	套
3	安全绳	1	—	个
4	救生索	1	—	个
5	速差自控器（防坠器）	1	—	个
6	三角架	1	—	个
7	对讲机	若干	易燃易爆场所符合防爆要求	对
8	便携式气体检测仪	1	根据有害气体介质确定	个
9	工具包	1	—	个
10	扳手	2	根据螺栓螺母尺寸确定	个
11	应急照明设备	1	易燃易爆场所符合防爆要求	个
12	应急通讯报警器材	1	易燃易爆场所符合防爆要求	个

3. 受限空间作业流程

（1）受限空间作业一般程序　进入受限空间作业前，必须先进行 JHA 分析，识别作业风险，制定并落实安全措施，再进入受限空间作业。实际生产中，各企业按照作业许可管理制度执行所有安全措施，严格审批，责任到人，确保所有风险得到有效控制。受限空间作业一般程序如图 8-10 所示。

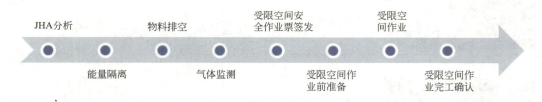

图 8-10 受限空间作业一般程序

（2）受限空间工作步骤及要求

工作步骤	工作要求
1. JHA 分析	

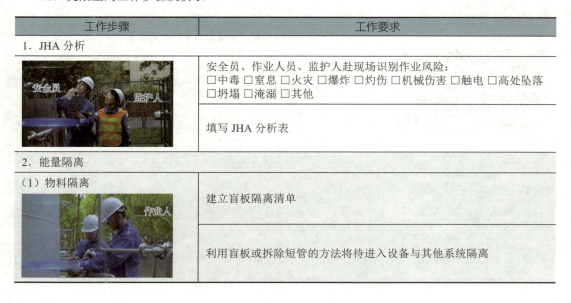

续表

工作步骤	工作要求
（2）电气隔离 	受限空间用电设备停机并切断电源
	上锁挂牌
3．物料排空 	打开放空阀，清空待进入设备的物料
	若有需要，进行清洗、蒸煮或置换
4．气体监测	
（1）自然通风 	打开人孔
	人员站在上风向（人孔侧面）
（2）强制通风 	开启鼓风机，直至气体分析结果合格
（3）气体采样分析 	采样具有代表性（例如：储罐的上、中、下部）
	氧含量 19.5%～21%，富氧环境下不大于 23.5%
	有毒气体含量符合《工作场所有害因素职业接触限值 第 1 部分：化学有害因素》（GBZ 2.1—2019）的要求
	当被测气体爆炸下限≥4%时，其浓度≤0.5% 当被测气体爆炸下限＜4%时，其浓度≤0.2%
5．受限空间安全作业票签发	
	申请人、气体分析人、安全交底人、接受交底人、作业负责人、作业所在单位审批人等共同签署

续表

工作步骤	工作要求
6. 受限空间作业前准备	
（1）检查确认	作业人、监护人携"受限空间安全作业票"赴现场再次检查确认所有安全措施已落实 □ JHA 分析　□ 物料隔断　□ 电气隔断　□ 自然通风 □ 强制通风　□ 气体检测
（2）个人防护和工具准备	作业人佩戴劳动防护用品： □ 安全帽　□ 作业手套　□ 呼吸器 携带工具： □ 工具包　□ 作业工具　□ 低电压防爆照明器具 □ 防爆对讲机　□ 有毒/可燃气体报警仪
（3）监护联络	作业人腰部系上生命安全绳 监护人与作业人统一好联络信号
（4）应急设施准备	作业现场放置： □ 灭火器　□ 空气呼吸器　□ 急救箱
（5）清点人员和工具	监护人清点进入受限空间的人员和工具 监护人填写"工具入出罐记录清单" 监护人填写"人员进出罐登记表"
7. 受限空间作业	
（1）监护联络	作业过程中，监护人严禁离开监护现场 监护人通过防爆对讲机和安全绳与作业人进行询问沟通

续表

工作步骤	工作要求
（2）气体监测	作业中持续监测，每 2h 记录一次
	作业中断超过 60min 应重新进行监测分析
8. 受限空间作业完工确认	
（1）整理现场	人员携带所有工具撤出受限空间
	整理现场
（2）清点人员和工具	监护人清点出罐人员与带出的作业工具
	监护人填写"工具入出罐记录清单"
	监护人填写"人员进出罐登记表"
（3）上锁挂牌	用储罐人孔锁封闭人孔
	挂上禁入警示牌
（4）验收、关闭作业	受限空间作业完成后，申请人与批准人验收签字，关闭作业许可证

4. 异常或违规处理

受限空间作业过程中，由于人的大意或设备缺陷，可能会出现一些异常或违规现象（见表 8-3），需通过严格落实各项安全措施加以避免。

表 8-3 受限空间作业常见异常（违规）现象

序号	异常（违规）现象	异常（违规）原因	处理方法
1	缺氧	通风强度或时间不足	加强通风
2	中毒	气体检测不到位，通风不足	加强通风或戴防毒面具
3	串料	管路系统未完全隔断	对照盲板清单进行完全隔断
4	维修作业时操作不慎漏电	未进行电气隔离	电气隔离，严格执行上锁挂牌程序
5	未配备应急救援物资	管理缺陷	按要求配备应急救援物资
6	未设置有限空间警示标识	管理缺陷	设置有限空间警示标识
7	受限空间作业无审批手续	管理缺陷	进行安全教育，严格执行作业许可制度
8	发生机械伤害	个人防护不到位	作业时做好安全防护措施

 学习活动

受限空间作业

一、任务描述

工艺水储罐长期运行，内部有结垢、异物堵塞等现象，需人员进入储罐清污。小组需根据 JHA 分析，逐一落实安全措施，按岗位分工执行受限空间作业程序，确保工艺水储罐清污作业安全完成。

二、能力目标

（1）严格遵守受限空间作业操作规程。
（2）具备制定并落实工作计划的能力。
（3）识别受限空间作业风险。
（4）落实进入受限空间作业前的安全措施。
（5）按照作业流程执行受限空间作业。

三、主导问题

（1）根据本任务情境，作业人员在储罐内部作业存在哪些风险？
（2）哪些安全措施可以排除人员在储罐内部作业的风险？
（3）进入储罐作业前，如何确保安全措施的落实？

四、任务准备

1. 人员分工

小组人员分角色（作业人、监护人、气体检测员、安全管理员等），将岗位、职责与人员名单填写在表 8-4 中。

表 8-4 岗位、职责与人员分工列表

序号	岗位	职责	人员

2. 任务确认和安全须知

小组需根据 JHA 分析，按照工作计划，执行作业许可流程，逐一落实安全措施，按岗位分工安全规范地完成工艺水储罐清污作业。

本任务安全须知：
（1）劳动防护用品检查后规范穿戴。
（2）工具使用前检查有无破损，切忌蛮力使用。
（3）打开设备或管线时，关注系统压力，注意气压和液压释放的预防。
（4）气体分析合格后才能进入设备。
（5）进入设备时注意防止磕碰。
（6）操作电气设备时，注意绝缘防护，避免接触带电部位。
（7）现场地面液体及时清理，防止滑倒。

我已经知晓本任务及安全须知，将严格遵守并进行操作。

签字人：＿＿＿＿＿＿＿＿＿＿

时　　间：＿＿＿＿＿＿＿＿＿＿

五、任务实施

1. JHA 分析

根据本任务要求，分析清污作业存在的危险因素，并提出安全防护措施。将危险因素、危害后果和防护措施填写在表 8-5 中。

表 8-5 JHA 分析表

序号	危险因素	危害后果	防护措施

2. 能量隔离

按照表 8-6 确认现场盲板是否完成切换。

表 8-6　工艺水储罐清污作业盲板隔离清单

序号	隔离点盲板位号	是否完成切换	确认人签名
1	B01		
2	B02		
3	B03		
4	B04		
5	B05		
6	B06		

3. 物料排空

打开底阀_____，确认储罐物料排尽。

4. 气体检测

（1）自然通风　打开储罐人孔，开启人孔顺序为：_____。

（2）强制通风　将通风管伸入下部人孔，启动通风机电源。

（3）气体采样分析　请将分析结果记录在"受限空间安全作业票"中。

5. 受限空间安全作业票签发

根据岗位分工，小组共同完成表 8-7 受限空间安全作业票的填写与签发。

表 8-7　受限空间安全作业票

申请单位			申请人			申请时间	
受限空间名称			作业内容			原有介质	
作业主管			监护人			作业人	
作业时间							
危害辨识	□触电　□淹溺　□火灾　□灼烫　□高处坠落　□坍塌　□化学性爆炸　□容器爆炸　□中毒　□窒息　□机械伤害　□其他伤害						
分析检测	分析项目	有毒有害介质	可燃气体	氧含量	部位	时间	检测人
	分析标准			19.5%～21%			
	分析数据						

续表

主要安全措施	确认人
1. 作业前对进入受限空间危险性进行分析：设备应经过置换、吹扫、煮蒸，彻底与动力系统断开。	□是 □否
2. 所有与受限空间有联系的阀门、管线应加盲板隔离，应列出盲板清单，并落实拆装盲板责任人。	□是 □否
3. 设备打开通风孔进行自然通风，温度适宜人员作业；必要时采用强制通风或佩戴空气呼吸器，但设备内缺氧时，严禁用通氧气的方法补充氧气。	□是 □否
4. 盛装过可燃、有毒液体、气体的受限空间，应分析可燃、有毒有害气体含量。	□是 □否
5. 对相关设备进行处理，带搅拌机的设备应切断电源，挂"禁止合闸"标志牌，设专人监护。	□是 □否
6. 检查受限空间进出口通道，不得有阻碍人员进出的障碍物。	□是 □否
7. 检查受限空间内部具备作业条件，清罐时（无须用/宜采用）防爆工具。	□是 □否
8. 作业监护措施，消防器材（ ）、应急电源（ ）、救生绳（ ）、气防设备（ ）等。	□是 □否
9. 作业人员清楚受限空间内存在的危险因素，按要求佩戴劳动防护用品。	□是 □否
10. 其他安全措施：	

申请单位意见：	施工单位意见：	主管部门意见：	公司领导审批意见：
签字：	签字：	签字：	签字：
作业人员签字：	监护人员签字：	主管人员签字：	完工验收（主管人员）签字：
年 月 日 时 分	年 月 日 时 分	年 月 日 时 分	年 月 日 时 分

6. 受限空间作业前准备

（1）检查确认 作业人、监护人及安全管理人员携"受限空间安全作业票"赴现场再次检查确认所有安全措施已落实。

（2）个人防护穿戴 写出作业人需要穿戴的劳动防护用品并规范穿戴。

_____

_____

（3）工具准备 列出执行工作任务需要用到的外围设备和工具，填写表8-8。

表 8-8 外围设备、工具清单

序号	名称	数量	规格	单位	备注

（4）监护联络 作业人系安全绳，监护人与作业人统一联络方式。

（5）应急设施准备 需要准备的应急设施有：_____。

（6）清点人员和工具 入罐前清点进入储罐的人员和带入的工具，并填写表8-9和表8-10。

表 8-9　受限空间人员进出登记表

序号	姓名	入罐时间	出罐时间	作业人签名	监护人签名

表 8-10　工具入出罐记录清单

序号	入罐工具	数量	记录人	出罐核实	记录人	核对人

7．受限空间作业

（1）作业人员进入储罐。

（2）执行清污作业。

（3）监护联络。

（4）作业中气体监测：请将监测数据填入"受限空间安全作业票"中。

8．受限空间作业完工确认

（1）整理现场　按照 5S（整理、整顿、清扫、清洁、素养）要求整理工作现场，将所有外围工具、设备摆放到原位。

（2）清点人员和工具　作业人员撤出储罐后清点人员和带出的工具，并在表 8-9 和表 8-10 中签字确认。

（3）上锁挂牌。

（4）验收、关闭作业　检查确认，在"受限空间安全作业票"上签字，关闭作业。

六、评估谈话

（1）进入受限空间作业为什么会经常发生事故？

（2）结合本任务谈谈化工场所受限空间作业常见的危险有哪些。

（3）本任务中采用哪些措施清除待检修系统中的物料？

（4）如何确保设备中的气体安全？

（5）简述一下作业许可证的意义。

七、任务评价

对照表 8-11 的评价指标和要求，对小组任务执行情况进行评价。

表 8-11 任务评价表

序号	评价项目	评价内容	配分	考核点说明	扣分	得分
1	JHA 分析	危险辨识（勾选）	6	高处坠落、中毒、窒息、火灾、化学性爆炸、机械伤害，每项 1 分		
2	能量隔离	穿戴劳动防护用品	4	工作服、安全鞋、安全帽、防护手套，缺少一项或佩戴不规范扣 1 分		
		电气隔离上锁挂牌	2	未现场确认，挂"禁止合闸"标志扣 2 分		
		管线隔离挂牌确认	4	核实盲板清单，有一处错误扣 4 分		
3	物料排空	物料排空确认	2	打开出罐底阀，确认物料已排尽		
4	气体监测	自然通风	6	按照从上至下的顺序，人员站在上风向侧面，打开人孔，规范使用扳手，错一处扣 2 分		
		机械通风	2	将通风管道伸入下人孔，打开通风机		
		气体采样分析	8	正确使用采样器，分别从上、中、下人孔处采样，送至气相色谱实验室分析，记录数据，错一处扣 1 分		
5	受限空间安全作业票签发	填写作业票	6	未填写受限空间内原有介质名称或填写错误扣 1 分；填写不清晰、不全、涂改、不及时扣 2 分；安全措施全部确认得 3 分，漏填一项扣 0.5 分		
		签发作业票	4	作业人、气体检测员、监护人、安全管理员分别签字确认，签字处未填或有缺项扣 1 分		
6	受限空间作业准备	作业前安全确认	3	安全措施落实前或进入设备后签字均不得分		
		选择合适的工具	4	未选择防爆照明灯或照明灯不打开扣 2 分；未选择防爆工具扣 2 分		
		穿戴劳动防护用品	6	工作服、安全鞋、安全帽、防护手套缺少一项或佩戴不规范扣 1 分；全面罩不佩戴扣 2 分，佩戴不规范扣 1 分		
		监护人确认	2	未穿戴标志性装备（马甲）扣 2 分		
		联络方式的确认	2	未进行联络方式的确认，扣 2 分		
		佩戴安全绳	4	作业人未佩戴或未系牢固安全绳扣 4 分		
		入罐工具签单	4	照明灯、气体检测仪、联络工具每项 1 分；其他带入工具必须与清单一致，不一致扣 1 分		
		人员出入记录	2	未及时记录或后补扣 2 分		
		急救应急安全措施落实	5	未将急救箱、空气呼吸器、消防器材放置在操作区域内备用，缺一个扣 1 分；器材挡住出口扣 1 分；未设置警戒线或警示牌扣 1 分		
7	受限空间作业	监护人与作业人员定时联络	3	联络不少于 3 次，每少一次扣 1 分		
		作业期间检测氧气含量	2	作业期间检测至少 2 次，未按时检测扣 1 分		
		监护人不得离开岗位	3	监护人离岗（做其他事）即扣 3 分		

续表

序号	评价项目	评价内容	配分	考核点说明	扣分	得分
8	受限空间作业完工确认	人员清点	4	清点出罐人员并签字确认,未清点扣2分,未确认扣2分		
		工具清点	4	清点带出储罐的工具并签字确认,未清点扣2分,未确认扣2分		
		设备复原	4	未关闭人孔,一个扣1分;未关鼓风机扣1分		
		清洁整理	2	未将工具复原并摆放整齐,扣2分		
		关闭作业票	2	作业票最后一栏未签字或提前签字扣2分		
总配分		100		总得分		

巩固练习

1. 进入受限空间作业前,应办理_____。

2. 受限空间作业中断,再进入之前应重新进行_____。

3. 进入受限空间作业应指定专人监护,不得在无监护人员的情况下作业,特殊情况下作业监护人员可以离开现场。(判断题)(   )

4. 把头伸入30厘米直径的管道、洞口、氮气吹扫过的罐内不算受限空间作业。(判断题)(   )

5. 受限空间作业时,作业环境和条件发生变化后,任何人都可以提出立即终止作业的要求。(判断题)(   )

6. 受限空间内氧浓度应保持在(   )。

　　A. 23%～38%　　　　　　　　B. 12.5%～21.5%
　　C. 19.5%～21%　　　　　　　D. 17%～29%

7. 受限空间内易燃易爆气体或液体挥发物的浓度应满足以下条件:

　爆炸下限≥4%时,浓度≤_____(体积分数);爆炸下限＜4%时,浓度≤_____(体积分数)。

8. 如图8-11所示,反应器DC201中装的物料为含硫化氢的酸性油料。现要进入DC201进行喷漆作业操作,请你说出该作业有哪些潜在的危险并写出安全措施和作业程序。

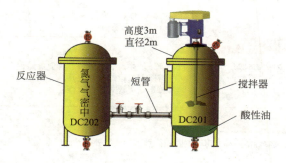

图8-11　反应器系统

任务三 动火作业

任务描述

小王所在聚氨酯装置中的己二醇管道泄漏严重,需要进行焊接维修,焊接会产生火花与高温焊渣,小王和他的团队需要采取适当的安全措施,排除燃烧爆炸的危险,确保检修人员和设备的安全。

学习目标

知晓动火作业的定义和分级。

能概述动火作业相关人员的职责及作业安全要求。

能概述动火安全作业票的管理规定,具备敬畏制度、严格执行作业许可制度的意识。

一、动火作业的定义与分级

1. 定义

动火作业指在直接或间接产生明火的工艺设施以外的禁火区内可能产生火焰、火花或炽热表面的非常规作业。包括使用电焊、气焊(割)、电钻、喷灯、砂轮、喷砂机等进行的作业。常见的动火作业如图8-12所示。

焊接　　　　钻孔　　　喷灯作业　　　砂轮打磨

图8-12　常见动火作业

2. 分级

按照危险程度,动火作业分为特级动火作业、一级动火作业和二级动火作业共三级。

特级动火作业
- 在火灾爆炸危险场所处于运行状态下的生产装置设备、管道、储罐、容器等部位上进行的动火作业(包括带压不置换动火作业)
- 存有易燃易爆介质的重大危险源罐区防火堤内的动火作业

一级动火作业
- 在火灾爆炸危险场所进行的除特级动火作业以外的动火作业
- 管廊上的动火作业

二级动火作业
- 除特级和一级动火作业以外的动火作业
- 生产装置或系统全部停车,装置经清洗、置换、分析合格并采取安全隔离措施后,根据其火灾、爆炸危险性大小,经危险化学品企业生产负责人或安全管理负责人批准,动火作业可按二级动火作业管理遇节假日、公休日、夜间或其他特殊情况时，动火作业应升级管理。

二、动火作业安全要求

1. 作业前

动火作业前需将动火现场及周围的易燃物品清除或隔离。

① 凡在盛有或盛过危险化学品的设备、管道等部位动火，应将其与生产系统彻底隔离，并进行清洗、置换，取样分析合格后方可动火作业。

动火作业取样分析有哪些要求？怎样算合格？

动火分析要求及其合格判定指标

动火分析要求：
- 气体分析的检测点要有代表性，在较大的设备内动火，应对上、中、下（左、中、右）各部位进行检测分析。
- 在管道、储罐、塔器等设备外壁上动火，应在动火点10m范围内进行气体分析，同时还应检测设备内的气体含量；在设备及管道外环境动火，应在动火点10m范围内进行气体分析。
- 气体分析取样时间与动火作业开始时间间隔不应超过30min。
- 特级、一级动火作业中断时间超过30min，二级动火作业中断时间超过60min，应重新进行气体分析；每日动火前均应进行气体分析；特级动火作业期间应连续进行监测。

动火分析合格判定指标：
- 当被测气体或蒸汽的爆炸下限大于或等于4%时，其被测浓度应不大于0.5%（体积分数）。
- 当被测气体或蒸汽的爆炸下限小于4%时，其被测浓度应不大于0.2%（体积分数）。

---

② 凡处于燃爆危险区域的动火作业，如地面有可燃物、电缆桥架、地沟等，应采取清理或封盖等措施；对于动火点周围30m内有可能泄漏易燃、可燃物料的设备，应采取隔离措施。

③ 拆除管线的动火作业，应先查明其内部介质及其走向，并制定相应的安全措施。

2. 作业中

① 动火作业应有专人监护。

② 配备足够适用的消防器材。

③ 在生产、使用、储存氧气的设备上进行动火作业，设备内氧含量不应超过23.5%（体积分数）。

④ 在动火点10m范围内、动火点上方和下方不应同时进行可燃溶剂清洗或喷漆作业；在动火点10m范围内不应进行可燃性粉尘清扫作业。

⑤ 使用气焊、气割动火作业时，乙炔瓶应直立放置；氧气瓶与乙炔气瓶间距不应小于5m，二者距动火作业地点不应小于10m，如图8-13所示，并应采取防晒和防倾倒措施。

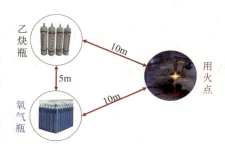

图8-13 气瓶距离要求

3. 作业后

动火作业完毕,动火人、监护人以及参与动火作业的其他人员应清理现场,监护人确认无残留火种后方可离开。

4. 特级动火作业的安全要求

特级动火作业由于危险性高,在做好上述安全措施的基础上,还应符合以下规定:
① 应预先指定作业方案,落实安全防火防爆及应急措施。
② 在设备或管道上进行特级动火作业时,设备或管道内应保持微正压。
③ 存在受热分解爆炸、自爆物料的管道和设备设施上不应进行动火作业。
④ 生产装置运行不稳定时,不应进行带压不置换动火作业。

三、动火作业相关人员职责

在化工生产与检修中,动火作业由于其危险性大,安全措施需严格执行与确认,因此,需要有一套严密的流程,多人员配合完成。主要人员包括动火作业负责人、动火人、监护人、动火分析人、动火作业审批人等。各人员的主要职责如表 8-12 所示。

表 8-12 动火作业相关人员主要职责

人员	职责
动火作业负责人	• 办理"动火安全作业票"并对动火作业负全面责任 • 在动火作业前详细了解作业内容和动火部位及周围情况 • 参与动火安全措施的制定、落实,向作业人员交代任务和安全注意事项 • 作业完成后,组织检查现场,确认无遗留火种后方可离开现场
动火人	• 参与风险危害因素辨识和安全措施的制定,逐项确认安全措施的落实情况 • 若发现不具备安全条件时不得进行动火作业 • 随身携带"动火安全作业票"
监护人	• 了解动火区域或岗位存在的安全风险及管控措施,具备现场应急处置能力 • 逐项检查防火措施落实情况 • 发现动火人未持证上岗、动火部位与作业证不符或动火安全措施不落实时,有权停止作业;当动火出现异常时应及时采取措施,有权中止作业;当动火人违章作业时,有权收回作业票 • 在动火作业期间确需离开作业现场时,应收回动火人的作业票,暂停动火 • 在动火结束后,督促动火人清除火种,切断相关电源和气源,在对现场进行检查确认后,方可离开
动火分析人	• 对动火分析方法和分析结果负责 • 现场取样分析,在"动火安全作业票"上填写取样时间和分析数据并签字
动火作业审批人	• 动火作业安全措施落实情况的最终确认人 • 审查"动火安全作业票"的办理是否符合要求 • 到现场了解动火部位及周围情况,检查、完善防火安全措施

四、"动火安全作业票"的管理

(1)"动火安全作业票"的办理和使用要求
① 特级、一级、二级动火的"动火安全作业票"应以明显标记加以区分。
② 办证人须按"动火安全作业票"的项目逐项填写,不得空项。
③ 不得随意涂改和转让,不得异地使用或扩大使用范围。
④ "动火安全作业票"实行一个动火点一张动火证的动火作业管理。
(2)"动火安全作业票"的审批

① 特级动火作业的"动火安全作业票"由企业主管领导审批。
② 一级动火作业的"动火安全作业票"由安全管理部门审批。
③ 二级动火作业的"动火安全作业票"由所在基层单位（比如生产车间等）审批。
（3）"动火安全作业票"的有效期限
① 特级动火作业和一级动火作业的"动火安全作业票"有效期不超过 8 小时。
② 二级动火作业的"动火安全作业票"有效期不超过 72 小时，每日动火前应进行动火分析。
③ 动火作业超过有效期限，应重新办理"动火安全作业票"。

事故案例

2020 年 4 月 30 日，某焦化公司发生燃爆事故，造成 4 人死亡，直接经济损失约 843.7 万元。

直接原因：作业人员违反安全作业规定，在焦油器顶部进行作业时，未有效切断煤气来源，导致煤气漏入焦油器内部，与空气形成易燃易爆混合气体，作业过程中产生明火，发生燃爆。

间接原因：该公司安全生产责任制、安全生产规章制度和操作规程不健全、落实不到位，对煤气设备组织检维修前未制定检维修方案，未进行安全风险分析，未办理特殊作业审批手续；检维修工作安排不合理，形成交叉作业；监测报警设施不完好，不能正常使用；安全培训教育不深入，从业人员安全素质不高。

巩固练习

1. 将作业场所存在的危险因素如实告知从业人员，会有负面影响，引起恐慌，增加从业人员的思想负担，不利于安全生产。（判断题）（　　）

2. "动火安全作业票"实行（　　）一张动火证的动火作业管理。
　A．一个设备　　B．一个装置　　C．一个动火点　　D．一个类型

3. 存在两种以上可燃气体的混合物，以爆炸下限（　　）为准。
　A．低者　　B．高者　　C．＞4%　　D．＜4%

4. 特级动火作业和一级动火作业的"动火安全作业票"有效期不超过（　　）h。
　A．4　　B．8　　C．16　　D．24

5. 动火作业分析取样与动火间隔不得超过_____，如超过此间隔或动火作业中断时间超过_____，应重新取样分析。

6. 动火期间距动火点_____内不得排放各类可燃气体。

7. 简述动火作业现场安全监督要点。

8. 动火监护人的主要职责有哪些？

任务四　其他特殊作业

任务描述

除了受限空间作业和动火作业外，小王工作中可能涉及的特殊作业还包括盲板抽堵作业、高处作业、临时用电作业、吊装作业、动土作业、断路作业等，他需要熟悉这些作业的安全规范与要点。

能概述盲板抽堵、高处、吊装、临时用电、动土、断路等特殊作业的基本概念和危险因素。
能概述盲板抽堵、高处、吊装、临时用电、动土、断路等特殊作业的安全要点。
敬畏制度，具备遵守作业流程和过程规范的意识。

一、盲板抽堵作业

1. 定义

盲板抽堵作业是指在设备、管道上安装或拆卸盲板的作业。

2. 作业风险

执行盲板抽堵作业时，使用不符合要求的盲板、带压操作、使用非防爆工具、系统内物料没有完全排放干净，或人员对工艺流程不熟悉造成漏加、错加、漏拆盲板等行为，都有可能造成人员中毒、火灾、爆炸等危险。

3. 安全要求

危险化学品企业应预先绘制盲板位置（如图 8-14 所示），对盲板进行统一编号，并设专人统一指挥作业。作业单位应按位置图进行盲板抽堵作业，并对每个盲板设标牌进行标识，标牌编号应与盲板位置图上的盲板编号一致，危险化学品企业应逐一确认并做好记录。

作业单位应根据管道内介质的性质、温度、压力和管道法兰密封面的口径等选择相应材料、强度、口径和符合设计制造要求的盲板及垫片，高压盲板使用前应经超声波探伤。

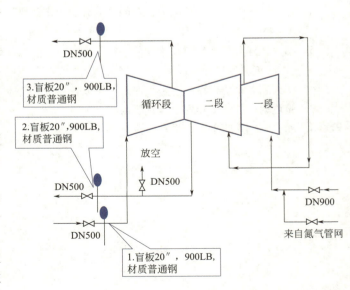

图8-14　盲板位置图样例

> **想一想**
>
> 什么是超声波探伤？

超声波探伤是利用超声能透入材料深处，在界面边缘发生反射的特点来检查材料缺陷的一种方法。当超声波束由探头通至材料内部，遇到缺陷时会产生反射波，在屏幕上形成脉冲波形，根据波形可以判断缺陷位置和大小。

作业前，应降低系统管道压力至常压，保持作业现场通风良好，并设专人监护。在有毒、易燃易爆或腐蚀性介质的管道、设备上进行盲板抽堵作业时，作业人员应根据介质特点做好相应的个人防护。距盲板抽堵作业地点 30m 内不应有动火作业。不应在同一管道上同时进行两处及两处以上的盲板抽堵作业。

二、高处作业

1. 定义

在距坠落基准面 2m 及 2m 以上有可能坠落的高处进行的作业称为高处作业。

2. 分级

按照作业高度（h），高处作业分级情况如下：

由于作业环境中直接引起坠落的客观危险因素导致风险度增加时，高处作业应进行升级管理。这些客观危险因素包括：

（1）阵风风力＞五级。
（2）平均气温≤5℃的作业环境。
（3）接触冷水温度≤12℃的作业。
（4）作业场地有冰、雪、霜、油、水等易滑物。
（5）作业场所光线不足或能见度差。
（6）作业活动范围靠近危险电压带电体。
（7）摆动，立足处不是平面或只有很小的平面，致使作业者无法维持正常姿态。
（8）存在有毒气体或空气中氧含量＜19.5%的作业环境。
（9）可能会引起各种灾害事故的作业环境和抢救突然发生的各种灾害事故。

3. 类型

高处作业主要包括临边、洞口、攀登、悬空、交叉等五种基本类型，这些类型的高处作业是高处作业伤亡事故可能发生的主要地点。

临边作业	洞口作业	攀登作业	悬空作业	交叉作业
• 工作面边沿无围护设施或围护设施高度低于80cm时的高处作业	• 深度2m及2m以上的桩孔、沟槽与管道孔洞等边沿作业	• 借助建筑结构或脚手架上的登高设施、梯子等在攀登条件下进行的高处作业	• 在周边临空状态下，操作者无立足点或无牢靠立足点条件下进行高处作业	• 在施工现场的上下不同层次，于空间贯通状态下同时进行的高处作业

4. 作业风险

在高处作业中，如果未采取防护措施或防护措施不到位、作业不当，都可能引发人或物体的坠落。人从高处坠落，称为高处坠落事故，物体从高处坠落砸到下方的人，称为物体打击事故。

5. 安全要求

（1）作业人员应正确佩戴安全带，将安全带的挂钩挂在挂点上并锁死挂钩，如图8-15所示。作业使用的工具、材料等应装入工具袋，上下时手中不应持物，不应投掷物品。易滑动、易滚动的工具、材料堆放在平台上时，应采取防坠落措施。

图8-15　安全带的使用

（2）在临近排放有毒有害气体、粉尘的放空管线等场所进行作业时，作业人员需配备相应的呼吸防护用品。

（3）雨天和雪天作业时，应采取可靠的防滑、防寒措施；遇有五级及以上强风、浓雾等恶劣气候，不应进行高处作业。

（4）与其他作业交叉进行时，应按指定的路线上下，不应上下垂直作业，如果确需垂直作业应采取可靠的隔离措施。

（5）高处作业应设专人监护，作业人员不应在作业处休息。作业人员在作业中如果发现异常情况，应及时发出信号，并迅速撤离现场。

三、吊装作业

1. 定义

利用各种吊装机具将设备、工件、器具、材料等吊起，使其发生位置变化的作业称为吊装作业。

2. 分级

（1）一级吊装作业　吊装重物＞100吨。

（2）二级吊装作业　40吨≤吊装重物≤100吨。

（3）三级吊装作业　吊装重物＜40吨。

3. 作业风险

吊装作业最主要的潜在危险是物体打击。如果吊装的物体是易燃、易爆、有毒或腐蚀性物质，因吊索吊具意外断裂、违反操作规程等原因发生吊物坠落，除了造成物体打击事故外，还会将盛装这些危险物质的包装损坏，导致物质流散出来，造成污染，甚至引发火灾、爆炸、腐蚀、中毒等事故。此外，起重设备在检查、检修过程中，存在触电、高处坠落、机械伤害等危险性。

4. 安全要求

吊装作业人员必须持有特殊工种作业证。吊装作业应设置安全警戒标志，并设专人监护，夜间吊装应有足够的照明，室外作业遇到大雪、暴雨、大雾、六级及以上大风时，应停止作业。任何人不得随同吊装重物或吊装机械升降。

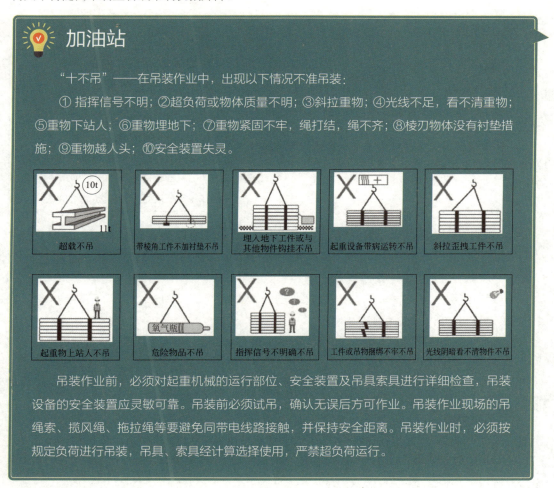

> **加油站**
>
> "十不吊"——在吊装作业中，出现以下情况不准吊装：
> ①指挥信号不明；②超负荷或物体质量不明；③斜拉重物；④光线不足，看不清重物；⑤重物下站人；⑥重物埋地下；⑦重物紧固不牢，绳打结，绳不齐；⑧棱刃物体没有衬垫措施；⑨重物越人头；⑩安全装置失灵。
>
> 吊装作业前，必须对起重机械的运行部位、安全装置及吊具索具进行详细检查，吊装设备的安全装置应灵敏可靠。吊装前必须试吊，确认无误后方可作业。吊装作业现场的吊绳索、揽风绳、拖拉绳等要避免同带电线路接触，并保持安全距离。吊装作业时，必须按规定负荷进行吊装，吊具、索具经计算选择使用，严禁超负荷运行。

四、临时用电作业

1. 定义

正式运行的电源上所接的非永久性用电称为临时用电。

2. 作业风险

临时用电作业时，如果没有有效的个人防护装备和防护措施、设备，容易发生触电、电弧烧伤等，造成人员伤亡，同时还有可能造成火灾爆炸。

3. 安全要求

临时用电单位不得擅自增加用电负荷，变更用电地点、用途；临时用电线路和电气设备的设计与选型应满足爆炸危险区域的分类要求；动力和照明线路应分路设置；工作人员必须按规定做好个人防护。

配电箱应标上电压标识和危险标识，并保持整洁、接地良好；室外的临时用电配电盘、箱及开关、插座应设有安全锁具，有防雨、防潮措施。固定式配电箱如图8-16所示。距配电箱、开关及电焊机等电气设备15m范围内，严禁存放易燃、易爆、腐蚀性等危险物品。

图8-16 固定式配电箱

五、动土作业

1. 定义

动土作业是指：

① 挖土、打桩、钻探、坑探、地锚入土深度在0.5m以上的作业。

② 使用推土机、压路机等施工机械进行填土或平整场地等可能对地下隐蔽设施（如地下电缆、管道等）产生影响的作业。

> 这些也属于动土作业！
> - 设置大型标牌
> - 设置宣传画廊
> - 绿化植树
> - 排放大量污水
> - 在正规道路以外的区域运输重型物资
> - 在规定以外的场地堆放重物

2. 作业风险

动土作业的地下有动力、通信和仪表等不同用途、不同规格的电缆，有口径不一、材料各异的生产、生活用管道。不明地下设施情况而进行动土作业，可能挖断电缆、击穿管道、土石塌方、人员坠落，造成人员伤亡或全厂停电等重大事故。

3. 安全要求

（1）防止损坏地下设施和地面建筑

① 动土作业在接近地下电缆、管道及埋设物的地方施工时，不准用铁镐、铁撬棍或铁楔子等工具进行作业，也不准使用机械挖土。

② 在挖土地区内发现事先未预料到的地下设备、管道或其他不可辨别的东西时，应立即停止工作，报告有关部门处理，严禁随意敲击。

（2）防止坍塌

① 破土开挖前，应先做好地面和地下排水，防止地面水渗入作业层面造成塌方。

② 禁止一切人员在基坑内休息，当发现土壤有可能坍塌或滑动裂缝时，在下面工作的人员必须离开工作面。

（3）防止机器工具伤人

① 开动挖土机器前应发出规定的音响信号。

② 挖土机械工作时，禁止在举重臂或吊斗下面有人逗留或通过，禁止任何人员上下挖土机和挖斗。挖土机暂时停止工作时，应将吊斗放在地面上，不准悬空。

（4）防坠落

① 作业现场应根据需要设置护栏、盖板和警告标志，夜间应悬挂警示灯。

② 下沟坑池等时应铺设钉有防滑条的跳板，留作人行道的土堤应保持足够稳定的边坡或加适

当的支撑。施工结束后应及时回填土石，并恢复地面设施。

（5）防毒防火

① 在可能出现有毒有害气体的地点工作时，应预先通知工作人员，并做好防毒准备。

② 当化工装置突然排放有害物质时，化工操作人员应立即通知动土作业人员停止作业，迅速撤离现场。

事故案例

某塑料厂所在地块地下埋有自某石化公司码头通往该公司的丙烯管道，管道处于停输状态，但管道内充满丙烯。2010年7月28日上午9时30分左右，施工单位的小型挖掘机械进行作业时挖裂了丙烯管道，造成液态丙烯泄漏。现场人员发现泄漏后开始撤离并报警。10时11分左右，泄漏的丙烯遇到明火，现场发生大面积爆燃，造成重大人员伤亡和周边居民住房及部分商店不同程度损坏。

六、断路作业

1. 定义

断路作业是指在生产区域内的交通主、支路与车间引道上进行工程施工、吊装、吊运等各种影响正常交通的作业。

2. 作业风险

在断路作业中，如果标识不明、信息沟通不畅、无适当安全防护措施或措施不到位，均有可能引发交通事故或人员伤害事故。

3. 安全要求

断路作业单位应根据需要在作业区相关道路上设置作业标志、限速标志、距离辅助标志等交通警示标志，以确保作业期间的交通安全。在作业区附近设置路栏、道路作业警示灯、导向标等交通警示设施。

断路作业结束后，作业单位应清理现场，撤除作业区、路口设置的路栏、道路作业警示灯、导向标等交通警示设施。申请断路单位应检查核实，并报告有关部门恢复交通。

巩固练习

1. 盲板抽堵作业时，生产车间应预先绘制_____，对盲板进行_____，并设专人负责。
2. 盲板材料、强度、口径等的选择应依据（　　）。（多选题）
   A. 管道内介质种类　　　　　　B. 管道内介质温度
   C. 管道内介质压力　　　　　　D. 管道法兰密封面口径
3. 安全带应低挂高用，系安全带后应检查扣环是否扣牢。（　　）（"√"或"×"）
4. 高处作业时使用的工具、材料等应放在_____中，为避免工具从高处坠落，应使用_____。
5. 关于吊装作业，以下说法错误的是（　　）。
   A. 吊装作业前，必须对起重机械的运行部位、安全装置及吊具索具进行详细检查，吊装

设备的安全装置应灵敏可靠

B. 六级以上大风天气不允许进行吊装作业

C. 吊装重物时，必须安排人员护送，和物品一起升降

D. 吊装作业应设置安全警戒标志，整个吊装过程需设专人监护

6. 动土作业应设专人监护。挖掘坑、槽、井、沟等作业，下列说法正确的是（　　）。

A. 作业过程中应对坑、槽、井、沟边坡或固壁支撑架随时检查

B. 可以根据实际情况在坑、槽、井、沟内休息

C. 使用的材料、挖出的泥土应堆放在距坑、槽、井、沟边沿至少 0.5m 处

D. 可以根据实际需要在坑、槽、井、沟上端边沿站立、行走

文本文件资源
学习情境八

教学视频动画资源
学习情境八

学习情境九
突发应急

情境描述

小王在巡查罐区时，发现甲苯二异氰酸酯发生泄漏并引发火灾。事故现场有人晕厥，还有人在撤离现场时，由于过于惊慌而摔伤。小王积极响应公司事故应急预案要求，在做好个人防护的前提下，协助相关人员进行了泄漏处理和现场急救等工作。

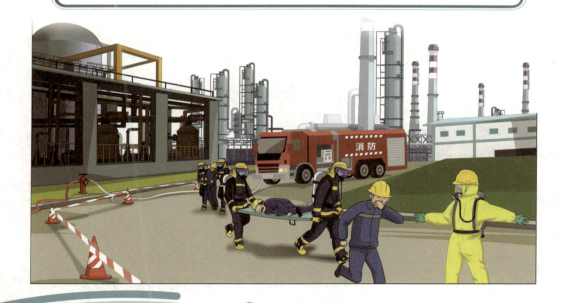

任务一　应急管理认知

任务描述

为能正确、高效应对将来工作中可能出现的紧急情况，小王需要了解突发事件、生产安全事故和应急管理的基本知识，知晓化工企业生产安全事故应急预案的内容及应急演练的相关要求，熟悉化工事故应急响应的一般程序，掌握正确报告事故的流程。

学习目标

知晓突发事件、生产安全事故及应急管理的基本概念。

知晓应急预案的基本概念，了解企业生产安全事故应急组织机构、应急响应流程。

根据企业生产事故情况，及时、准确、流畅地报告事故。

能概述应急演练的定义、分类及实施流程。

具备关注公众生命、健康和环境保护的良好意识，树立社会和谐、健康发展的人生观和价值观。

随着全球化时代各类不确定、不稳定和不安全因素的增多，全面加强应急管理工作、有效提升突发事件的应对能力，已成为世界各国面临的一项重要而又艰巨的任务。作为世界公民，每一个人都有权利和义务熟悉应急管理的相关知识，从而以更安全、更迅速的姿态面对各类突发事件，有效避免或最大限度地降低损失。

一、突发事件

1. 突发事件的定义

《中华人民共和国突发事件应对法》（2024修订）将突发事件定义为：突然发生，造成或者可能造成严重社会危害，需要采取应急处置措施予以应对的自然灾害、事故灾难、公共卫生事件和社会安全事件。

2. 突发事件的特点

突发事件具有突发性、不确定性、危害性和公共性的特点。

3. 突发事件的分级

按照社会危害程度、影响范围等因素，突发事件分为特别重大、重大、较大和一般四级。

4. 突发事件的分类

根据突发事件的发生过程、性质和机理，突发事件分为自然灾害、事故灾害、公共卫生事件和社会安全事件四类。每种类型的范围和特征见表9-1。

表 9-1 各类突发事件的范围和特征

类型	范围	本质特征
自然灾害	水旱灾害、气象灾害、地震灾害、地质灾害、海洋灾害、生物灾害和森林草原火灾等	自然因素直接导致
事故灾害	工矿商贸等企业的各项安全事故、交通运输事故、公共设施和设备事故、环境污染和生态破坏事件等	人们无视规则的行为导致
公共卫生事件	传染病疫情、群体性不明原因疾病、食品安全和职业危害、动物疫情等	自然因素和人为因素共同导致
社会安全事件	恐怖袭击事件、经济安全事件和涉外突发事件等	一定的社会问题诱发

5. 突发事件的应对

突发事件应对工作实行预防为主、预防与应急相结合的原则。国家建立重大突发事件风险评估体系，对可能发生的突发事件进行综合性评估，减少重大突发事件的发生，最大限度地减轻重大突发事件的影响。突发事件的应对一般遵循四个核心步骤：预防与应急准备、监测与预警、应急处置与救援、事后恢复与重建等。

二、生产安全事故

1. 生产安全事故的定义

生产安全事故指生产经营活动中发生的造成人身伤亡或者直接经济损失的各类安全事故。生产安全事故属于突发事件中的"事故灾害"范畴。

2. 生产安全事故的等级

《生产安全事故报告和调查处理条例》（国务院令第 493 号）规定：根据生产安全事故造成的人员伤亡或者直接经济损失，事故一般分为以下等级：

- 特别重大事故——30 人以上死亡，或 100 人以上重伤（包括急性工业中毒，下同），或 1 亿元以上直接经济损失。
- 重大事故——10 人以上 30 人以下死亡，或 50 人以上 100 人以下重伤，或 5000 万元以上 1 亿元以下直接经济损失。
- 较大事故——3 人以上 10 人以下死亡，或 10 人以上 50 人以下重伤，或 1000 万元以上 5000 万元以下直接经济损失。
- 一般事故——3 人以下死亡，或 10 人以下重伤，或 1000 万元以下直接经济损失。

3. 生产安全事故的报告

（1）事故报告的总体要求 事故报告应当及时、准确、完整，任何单位和个人对事故不得迟报、漏报、谎报或者瞒报。

（2）事故报告的时限 事故发生后，事故现场有关人员应当立即向本单位负责人报告；单位负责人接到报告后，应当于 1h 内向事故发生地县级以上人民政府安全生产监督管理部门和负有安全生产监督管理职责的有关部门报告。

情况紧急时，事故现场有关人员可以直接向事故发生地县级以上人民政府安全生产监督管理部门和负有安全生产监督管理职责的有关部门报告。

（3）事故报告的内容

事故报告应当包括下列内容：
（1）事故发生单位概况。
（2）事故发生的时间、地点以及事故现场情况。
（3）事故的简要经过。
（4）事故已经造成或者可能造成的伤亡人数（包括下落不明的人数）和初步估计的直接经济损失。
（5）已经采取的措施。
（6）其他应当报告的情况。

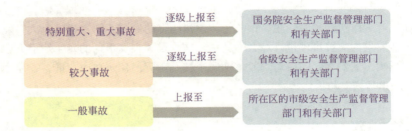

三、应急管理

各类突发事件（包括生产安全事故）一旦发生，会带来相应的灾难。应及时做好突发事件的应急管理工作，有效控制、减轻和消除事件后果。

1. 应急管理的定义

应急管理是指政府及其他组织在突发事件的事前预防、事发应对、事中处置和善后恢复过程中采取一系列必要措施，应用科学、技术、规划与管理等手段，保障公众生命、健康和财产安全，促进社会和谐健康发展的有关活动。

2. 应急管理的主要环节

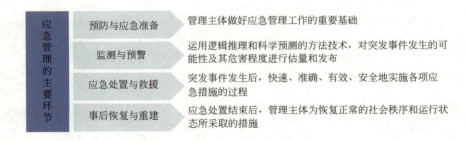

3. 应急管理的核心要素

凡事预则立，不预则废。突发事件发生后，如果没有完善的应急预案作为支撑，则无法保障快速、准确、有效、安全地开展应急救援活动。因此，应急预案是应急管理的核心要素。各级政府和企事业单位应按照法律、法规和标准的要求建立相应的应急预案，并定期演练，切实提高应急处置的能力，有效应对各类突发事件，充分降低事故损失。

加油站

什么是"一案三制"

2003 年，在取得了抗击"非典"的决定性胜利之后，中国全面加强应急管理体系建设的工作也随之起步，中国应急管理体系的核心内容被简要地概括为"一案三制"。

"一案"—应急预案，"三制"—应急工作的管理体制、机制和法制。

应急预案：是应急管理的重要基础，是中国应急管理体系建设的首要任务。

应急管理体制：国家建立统一领导、综合协调、分类管理、分级负责、属地管理为主的应急管理体制。

应急管理机制：突发事件全过程中各种制度化、程序化的应急管理方法与措施。

应急管理法制：在深入总结实践经验的基础上，制定各级各类应急预案，形成应急管理体制机制，并且最终上升为一系列的法律、法规和规章，使突发事件应对工作基本上做到有章可循、有法可依。

四、应急预案

1. 应急预案的定义

应急预案是针对可能发生的事故，为最大程度减少事故损害而预先制定的应急准备工作方案，是解决"突发事件事前、事发、事中、事后，谁来做、怎样做、做什么、何时做、用什么资源做"等一系列问题的重要方案。

2. 应急预案的体系

应急预案体系是由不同层级、不同类型预案组成的。我国设有相互联系的、全方位的、多层次的预案群，也就是"纵向到底，横向到边"的预案体系（如图 9-1 所示）。

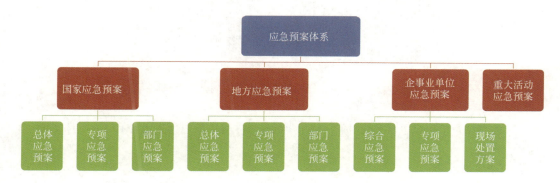

图 9-1　我国应急预案体系

3. 应急预案的特点

各类应急预案均应具备科学性、完整性、针对性、可操作性、相互衔接等特点，以充分保障应急时的各类处置、有效指导应急时的各项行动。

4. 生产经营单位应急预案

（1）生产经营单位应急预案的分类　生产经营单位应急预案分为综合应急预案、专项应急预案和现场处置方案。生产经营单位应根据有关法律、法规和相关标准，结合本单位组织管理体系、生产规模和可能发生的事故特点，科学合理地确立本单位的应急预案体系，并注意与其他类别应急预案相衔接。

① 综合应急预案　是生产经营单位为应对各种生产安全事故而制定的综合性工作方案，是本单位应对生产安全事故的总体工作程序、措施和应急预案体系的总纲。

② 专项应急预案　是生产经营单位为应对某一种或多种类型生产安全事故，或者针对重要生产设施、重大危险源、重大活动防止生产安全事故而制定的专项工作方案。专项应急预案与综合应急预案中的应急组织机构、应急响应程序相近时，可不编写专项应急预案，相应的应急处置措施并入应急处置预案。

③ 现场处置方案　是生产经营单位根据不同生产安全事故类型，针对具体场所、装置或者设施所制定的应急处置措施。重点规范事故风险描述、应急工作职责、应急处置措施和注意事项，应体现自救互救、信息报告和先期处置的特点。事故风险单一、危险性小的生产经营单位，可只编制现场处置方案。

（2）生产经营单位应急预案的基本内容　综合应急预案、专项应急预案、现场处置方案的基本内容如图 9-2 所示。

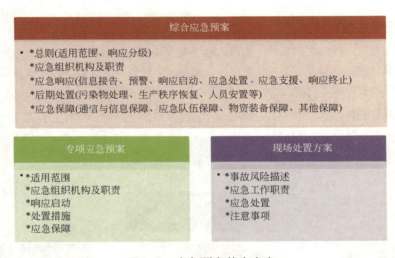

图9-2　应急预案基本内容

（3）生产经营单位应急预案的附件　除了上述基本内容，应急预案还需足够的附件支撑，主要包括：

① 生产单位概况。
② 风险评估的结果。
③ 预案体系与衔接。
④ 应急物资装备的名录或清单。
⑤ 有关应急部门、机构或人员的联系方式。

⑥ 信息接收、预案启动、信息发布等格式化文本。
⑦ 关键的路线、标识和图纸。
⑧ 与相关应急救援部门签订的应急救援协议或备忘录。

 **加油站**

化工企业应急物资的配备

应急物资的配备应根据企业本身存在的风险和可能发生的事故来决定。化工企业常用应急物资可参照国家标准《危险化学品单位应急救援物资配备要求》（GB 30077—2023）配备，一般有如下类别：

① 防护类：轻型防化服、重型防化服、空气呼吸器、防毒面罩等。

② 灭火类：消火栓、灭火器、水枪、水带、移动式泡沫灭火车等。

③ 救援类：担架、应急药品等。

④ 堵漏类：钢制堵漏带、金属堵漏胶、注入式堵漏工具等。

⑤ 检测类：可燃气体检测仪、有毒气体检测仪、氧气检测仪等。

⑥ 洗消类：化学品吸附材料、多功能喷雾水枪等。

⑦ 警戒类：警戒带、警戒柱等。

⑧ 通信类：对讲机、应急广播等。

（4）生产经营单位应急响应流程　发生事故后，应根据预案要求，立即启动应急响应程序，按照有关规定报告事故情况并开展处置，应急响应分为报告和现场处置、人员疏散、请求支援几个环节。

① 报告和现场处置

a. 发现事故第一人发出警报，清楚描述发生事故的类型、设备、物质、位置、程度等信息。

b. 在不危及人身安全时，现场人员采取阻断或隔离事故源、危险源等措施。

c. 严重危及人身安全时，迅速停止现场作业并撤离。

② 人员疏散

a. 研判事故危害及发展趋势；将可能危及周边生命、环境安全的危险性和防护措施等告知相关单位与人员。

b. 遇有重大紧急情况时，应立即封闭事故现场，通知本单位人员和周边人员疏散。

c. 采取转移重要物资、避免或减轻环境危害等措施。

③ 请求支援

a. 请求周边应急救援队伍参加事故救援。

b. 维护事故现场秩序，保护事故现场证据。

c. 准备事故救援技术资料，做好向所在地人民政府及其负有安全生产监督管理职责的部门移交救援工作指挥权的各项准备。

d. 请求救援时，联络人员必须以最短的时间，清楚地告知相关信息以争取时间效果。

> 我是XX公司XX（姓名）XX（部门）XX（职务），我公司位于XX市XX区XX路XX号，公司南面是XXX公司，公司发生XX（火灾或泄漏等事故类型），目前XXXX（初期火灾/猛烈燃烧/泄漏扩散等事故程度），公司内XX（多少）人死亡、XX人重伤、XX人轻伤，联络电话XXXXXXXX，公司会派人到XX（地点）接应救援人员。

五、应急演练

1. 应急演练的定义

应急演练是指针对可能发生的事故情景，依据应急预案模拟开展的应急活动。

应急预案编制单位应当建立应急演练制度，组织开展人员广泛参与、形式多样、节约高效的应急演练。通过应急演练，提高应对突发事件的风险意识，检验应急预案效果的可操作性，增强突发事件应急反应能力，以减少生命财产损失。

2. 应急演练的分类

（1）按照演练内容分类

① 综合演练　针对应急预案中多项或全部应急响应功能开展的演练活动。

② 单项演练　针对应急预案中某一项应急响应功能开展的演练活动。

（2）按照演练形式分类

① 实战演练　针对事故情景，选择（或模拟）生产经营活动中的设备、设施、装置或场所，利用各类应急器材、装备、物资，通过决策行动、实际操作，完成真实应急相应的过程。

② 桌面演练　针对事故情景，利用图纸、沙盘、流程图、计算机模拟、视频会议等辅助手段，进行交互式讨论和推演的应急演练活动。

（3）按照演练目的与作用分类

① 检验性演练　为检验应急预案的可行性、应急准备的充分性、应急机制的协调性及相关人员的应急处置能力而组织的演练。

② 示范性演练　为检验和展示综合应急救援能力，按照应急救援预案开展的具有较强指导宣教意义的规范性演练。

③ 研究性演练　为探讨和解决事故应急处置的重点、难点问题，试验新方案、新技术、新装备而组织的演练。

以上各种不同类型的演练可以在演练中相互结合。

3. 应急演练的工作原则

应急演练应遵循以下原则：

（1）符合相关规定　按照国家相关法律法规、标准及有关规定组织开展演练。

（2）依据预案演练　结合生产面临的风险及事故特点，依据应急预案组织开展演练。

（3）注重能力提高　突出以提高指挥协调能力、应急处置能力和应急准备能力组织开展演练。

（4）确保安全有序　在保证参演人员、设备设施及演练场所安全的条件下组织开展演练。

4. 应急演练实施的基本流程

应急演练实施的基本流程包括计划、准备、实施、评估总结、持续改进五个阶段，如图9-3所示。

图9-3 应急演练实施基本流程

 某化工企业危险化学品火灾（爆炸）应急预案。

巩固练习

1. 化工生产安全事故属于突发事件中的（　　）。
   A．自然灾害　　B．事故灾难　　C．公共卫生事件　　D．社会安全事件
2. 以下属于重大事故的有（　　）。（多选题）
   A．造成了直接经济损失 3000 万元
   B．造成了 5 人死亡，60 人重伤
   C．造成了 13 人死亡，直接经济损失 1000 万元
   D．造成了 3 人死亡，直接经济损失 4000 万元
   E．造成了 50 人死亡
3. 应急管理主要包括_____、_____、_____、_____四个环节。
4. 我国应急管理体系包含一案三制，其中一案指的是_____，三制指的是应急工作的管理体制、_____和_____。
5. （　　）属于企业综合应急预案的内容。（多选题）
   A．应急机构组织　　　　　　　B．通信与信息保障
   C．生产秩序恢复　　　　　　　D．物资装备保障
   E．事故风险描述　　　　　　　F．响应分级
6. 适合在室内进行的演练方式是（　　）。
   A．实战演练　　B．单项演练　　C．桌面演练　　D．示范性演练
7. 发现事故第一人向当班主管报告事故时，应急报告内容应包括（　　）。（多选题）
   A．引发事故的物质名称（或设备名称）B．事故发生的程度
   C．事故发生的位置　　　　　　　　　D．事故处理的结果
8. 小明是某公司生产部的操作工，在聚氨酯装置罐区装卸乙二醇时由于操作不当发生静电起火，轻度烧伤，实施现场扑救失败，目前火势有蔓延趋势。请你以小明的身份写出请求消防队支援时的联络语句。该公司位于某市某区阳光大道 88 号。

任务二　化学品泄漏应急处理

任务描述

罐区甲苯二异氰酸酯（TDI）发生泄漏并因静电引发了火灾，小王进行现场应急汇报后，公司启动应急预案。小王需掌握化学品泄漏处理的相关知识，熟悉泄漏应急响应流程，协助应急工作小组进行该起事故的抢救和抢修工作。

能概述泄漏的定义、表现形式、主要危害及分级特点。

能概述化学品泄漏处置的一般程序，能按照应急处理预案参与抢救、抢修。

初步具备化学品泄漏应急处理能力。

具备安全生产、关爱生命、重视财产安全的价值理念。

化学品泄漏事故情况复杂，波及范围广，极易造成环境污染及人员伤害。了解危险化学品种类、熟悉危险化学品的危险和危害特性、掌握其处置程序及方法，对于减少灾害损失以及由此引起的次生灾害至关重要。

一、泄漏

1. 泄漏的定义

泄漏是指工艺介质的空间泄漏（外漏）或者一种介质通过连通的管道或设备进入另一种介质内（内漏）的异常状况。

2. 泄漏的表现形式

化工生产过程中的泄漏主要包括易挥发物料的逸散性泄漏和各种物料的源设备泄漏两种形式。

① 逸散性泄漏　主要是易挥发物料从装置的阀门、法兰、机泵、压力管道焊接处等密闭系统密封处发生非预期泄漏。

逸散性泄漏

② 源设备泄漏　主要是物料非计划、不受控制地以泼溅、渗漏、溢出等形式从储罐、管道、容器、槽车及其他设备进入周围空间，产生无组织形式排放（设备失效泄漏是源设备泄漏的主要表现形式）。

源设备泄漏

3. 泄漏的主要危害

根据危险化学品、易燃易爆气体、粉尘泄漏可能导致的结果不同将泄漏分为易燃易爆介质泄漏和有毒有害介质泄漏两种。易燃易爆介质泄漏可导致火灾等恶性事故；有毒有害介质泄漏可导致职业病、中毒、窒息、死亡等事故。

4. 泄漏的分级

（1）轻微泄漏　指静密封点的渗漏（无明显液滴）和滴漏（大于 5min 1 滴）以及动密封点每

分钟滴漏超过指标 5 滴以内。轻微泄漏一般是由法兰密封面或垫片失效，阀门不严或密封失效，管线、设备上存在微小砂眼等造成。轻微泄漏因泄漏量少，冷却散发快，一般不会导致着火等事故。

（2）一般泄漏　静密封点泄漏的液滴小于 0.5 滴/秒，但尚未形成连续液滴的状态，或动密封点每分钟滴漏超过指标 5 滴以上。一般泄漏会形成累积，落到高温管线或设备上可引起冒烟或小火，短时间内一般不会造成较大危害。

（3）严重泄漏　指静密封点泄漏的液滴大于等于 0.5 滴/秒，并达到了液滴成线的状态，或动密封点每分钟滴漏超过指标 10 滴以上。严重泄漏可能会引发火灾，并导致周边管线、设备损坏和环境污染，从而导致更大的火灾事故和环境污染事件。

（4）不可控泄漏　指因为密封失效或者管线设备严重腐蚀穿孔、断裂导致的危险化学品突然间大量泄漏的情况。不可控泄漏会因泄漏介质或周边环境不同导致重大火灾、人员窒息、中毒死亡等恶性事故的发生，特别严重时，还会对周边造成严重威胁。

二、化学品泄漏处置一般程序

1. 侦检

侦检是化学灾害事故处置的首要环节。

（1）侦检的目的

① 确定化学事故现场的危险化学品种类（定性）。

② 选择控制措施。

③ 中毒人员的对症救治。

④ 选择合适的洗消剂。

⑤ 测定危险化学品的浓度分布（定量）。

⑥ 确定现场危险区范围，防止中毒、爆炸等事故的发生。

⑦ 确定防护等级。

（2）侦检的方法

① 仪器检测　对于不明化学品，应立即取样，送化验室使用检测仪器进行分析，确定名称和成分，根据仪器检测结果确定泄漏物质的种类、浓度、扩散范围等；对于已知化学品，用相应的气体检测仪器确定危险范围和污染范围。

② 调查询问

　a. 固定源询问对象：管理者、技术人员和工人。

　b. 流动源询问对象：货主、驾驶员、押运员等。

　c. 通过有关标识获取化学品相关信息。

2. 警戒

警戒区域是根据危险化学品波及的范围，为减少人员伤亡或其他次生灾害而划定的一个区域。警戒区域的设置，既要考虑危险化学品的性质、数量，还要考虑事故现场的地理、气象情况。

（1）易燃易爆危化品警戒半径一般为 100～500m。

（2）核放射性物品警戒半径一般为 300m。

根据危化品种类，设置不同的警戒标志；在警戒区外围适当位置（上风、侧风便于观察事故现场）设置进出口、停放车辆区域、存放器材装备区域、洗消检测区、着装登记处等。

3. 处置

泄漏的处置需遵循"停止泄漏→围堵泄漏→清除泄漏"的原则，也就是先切断泄漏途径，再采用适当的方法处理泄漏物。在有人员被困或需要进行人员疏散时，应坚持先救人的原则。进入警戒区作业人员要尽量减少，指挥员在进口处的记录板上登记处置人员的姓名、进出时间、空气呼吸器压力等。如果泄漏物是易燃物，须立即消除泄漏污染区域内的各种火源。

（1）切断泄漏途径　化工装置发生泄漏应及时采取停车、局部打循环、改走副线或降压堵漏等措施；其他储存、使用及运输等过程中发生泄漏应采取转料、套装、堵漏等控制措施。

（2）泄漏物的处理

① 按照泄漏物状态分类

a. 气体泄漏　可采取喷雾状水、释放惰性气体、加入中和剂等措施，降低泄漏物的浓度或燃爆危害。喷水稀释时，应筑堤收容产生的废水或将清净下水系统改为污水系统，防止水体污染。

b. 液体泄漏　可采取容器盛装、吸附、筑堤、挖坑、泵吸等措施进行收集、阻挡或转移。若液体具有挥发性或可燃性，应根据其理化特性有针对性地使用泡沫覆盖。

② 按照泄漏量大小分类

a. 小量泄漏　用砂土或其他不燃材料吸附、吸收，储罐泄漏，切断物料来源，使用不产生火花的工具堵漏，用泵导向应急罐或槽车，如无法实现堵漏，则采取收集和隔离措施。

b. 大量泄漏　构筑围堤或挖坑收容，用泡沫覆盖，降低蒸气灾害。用防爆泵转移至槽车或专用收集器，回收或运至废物处理场所处置。

4. 洗消

洗消主要是对警戒区作业人员、器材装备进行清洗，消除危化品对人体和器材装备的侵害。洗消必须在出口处设置的洗消间或洗消帐篷内进行。洗消残液要集中回收，避免二次污染。洗消过程是重复进行的，直到检测确认无污染为止。

化学品泄漏的侦检、警戒、处置和洗消等各类人员，在开展泄漏后的应急工作前，必须事先明确泄漏物的危险和危害特性，充分确认现场的情况，穿戴合适的个体防护用具，确保自身安全。

对泄漏进行控制、处置时，必须核实泄漏物的理化特性，选用合适的媒介，避免引发不可控的化学反应（比如金属钠遇水剧烈反应产生易燃气体），避免造成次生灾害、扩大事故后果。

 加油站

常见危险化学品中毒处理办法

有毒化学品泄漏可能伴随着人员中毒，了解常见危险化学品中毒处理办法，关键时刻能够帮助自己或他人脱离生命危险。

1. 硫化氢中毒

迅速脱离现场，吸氧、保持安静、卧床休息，严密观察，注意病情变化。抢救、治疗原则以对症及支持疗法为主，积极防治脑水肿、肺水肿，早期、足量、短程使用肾上腺糖皮质激素。对中、重度中毒，有条件者应尽快安排高压氧治疗。对呼吸、心跳骤停者，立即进行心、肺复苏，待呼吸、心跳恢复后，有条件者尽快安排高压氧治疗，并积极对症、支持治疗。

2. 氢氟酸中毒

皮肤接触氢氟酸后立即用大量流水长时间彻底冲洗，尽快地稀释和冲去氢氟酸。使用一些可溶性钙、镁盐类制剂，使其与氟离子结合形成不溶性氟化钙或氟化镁，从而使氟离子灭活。现场可用氢氟酸灼伤治疗液（5% 氯化钙 20mL、2% 利多卡因 20mL、地塞米松 5mg）浸泡或湿敷，也可用冰硫酸镁饱和液浸泡。氢氟酸溅入眼内，立即分开眼睑，用大量清水连续冲洗 15min 左右。滴入 2～3 滴局部麻醉眼药，可减轻疼痛，同时送眼科诊治。

3. 异氰酸甲酯中毒

迅速将中毒患者移离现场。脱去污染衣物，严密观察，必要时供氧。眼及皮肤污染迅速用流水冲洗，给予对症和支持疗法。如用弱碱液局部雾化吸入，早期应用糖皮质激素，并可用支气管扩张剂、抗生素等。

巩固练习

1. 化工装置比较容易发生泄漏的位置有（　　）。（多选题）
   A．法兰连接处　　B．阀门　　C．泵的密封　　D．管道焊接处
2. （　　）会形成累积，落到高温管线或设备上可引起冒烟或小火，短时间内一般不会造成较大危害。
   A．轻微泄漏　　B．一般泄漏　　C．严重泄漏　　D．不可控泄漏
3. 危险化学品泄漏处置一般程序为____→____→____→____。
4. 对于不明化学品泄漏，应立即取样，送化验室使用检测仪器进行分析，确定_____，根据仪器检测结果确定_____等；对于已知化学品，用相应的气体检测仪器确定_____。
5. 正确处理易燃液体泄漏的方式是（　　）。
   A．用水冲刷至地沟、下水道或河流中
   B．用火点燃使之燃烧
   C．使用泡沫覆盖
6. 切断泄漏物的途径有（　　）。（多选题）
   A．停车　　B．局部打循环　　C．改走副线　　D．降压堵漏
7. 简要回答洗消在危化品泄漏处理中的作用。
8. 简述在进行化学品泄漏应急处理时如何保护自身安全。

任务三 现场急救

任务描述

罐区甲苯二异氰酸酯（TDI）泄漏事故造成现场 1 名同事晕厥，2 名同事受伤（身体不同部位流血）。小王协助救援工作小组迅速对伤员展开现场施救。

> **学习目标**
> 能概述现场急救的基本流程，面对突发事件时能做出快速判断和初步处理。
> 知晓现场急救基本技术及处理方法。
> 知晓心肺复苏的基本步骤，会应用心肺复苏法进行急救。
> 知晓止血和包扎的常用方法，能根据伤员实际情况实施止血和包扎。
> 具有珍爱生命、乐于助人的美好情感。

现场急救是指在事发现场，对伤员实施及时、正确的初步救护，是立足于现场的抢救。事故发生后的几分钟是抢救危重伤员最重要的时刻，医学上称之为"救命的黄金时刻"。及时、正确的现场急救，能最大限度地挽救伤员的生命和减轻伤残。

一、现场急救基本流程

1. 现场情况评估

在突发事件现场，面对伤员，作为"第一目击者"首先要评估现场情况，通过实地感受、眼睛观察、耳朵听声、鼻子闻味来对异常情况做出初步的快速判断。重点关注以下几个方面：

（1）现场环境是否会对救护者或病人造成伤害。
（2）找出引起伤害的原因，检查是否仍有危险。
（3）搜索现场可利用的人力和物力资源，确定需采取的救护行动。
（4）以上判断必须在数秒内完成。

2. 呼救

（1）向附近人群高声呼救。
（2）拨打"120"急救电话。

> 注意：通话简明扼要，讲清楚病人特征、病情、地址（说明街道名称、门牌、楼房号及主要标志），询问在救护车到来之前怎样处置病人。不要先放下话筒，要等救援医疗服务系统调度人员先挂断电话。

3. 事故现场潜在危险排除

事故现场可能存在潜在危险，如火灾、坍塌、触电、中毒、溺水、机械伤害等。要对事故现场潜在危险进行排除，切记在帮助受困人员脱离险境时必须确保自身安全。

4. 伤情检查

在对伤员进行伤情检查时要有整体观，切勿被局部伤口迷惑，确定危及生命和可能致残的重伤员。可以从以下几个指标进行检查：

（1）生命体征

　　检查心跳：正常为 60～100 次/min。大出血病人，心跳加快，但力量弱，心跳达到 120 次/min 时多为早期休克。

　　检查呼吸：正常为 16～20 次/min。垂危病人呼吸变快、变浅且不规则。可用一薄纸片放于病人鼻孔旁，看飘动情况判定有无呼吸。

　　检查瞳孔：正常为大、等圆，见光迅速收缩。严重受伤病人，两瞳孔大小不一样，可能缩小，更多情况是扩大，用电筒照射瞳孔收缩迟钝。死亡症状为瞳孔放大，光照不收缩。

（2）出血情况　伤口大量出血是伤情加重或致死的重要原因，现场应尽快发现大出血的部位。若伤员有面色苍白、脉搏快而弱、四肢冰凉等大出血症状，却没有明显的伤口，应警惕为内出血。

（3）骨折情况　骨折病人的典型表现是伤后出现局部变形、肢体等出现异常运动、移动肢体时可听到骨擦音。此外，伤口剧痛，局部肿胀、淤血。

（4）皮肤及软组织损伤　皮肤表面出现淤血、血肿等。

5. 就地抢救

对严重损伤和危急重症者，尤其已经危及生命者，应实施就地初步抢救，不能盲目等待救援或者贸然搬动转运。

6. 及时转送

按照危重伤员第一优先、重伤员第二优先、轻伤员延期处理的救治顺序，现场及时安排转送医院，并接受急救中心的统一调度指挥，避免伤病员过度集中或过度分散在相关医疗机构。

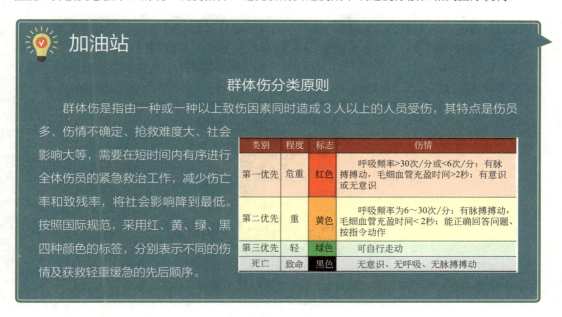

加油站

群体伤分类原则

群体伤是指由一种或一种以上致伤因素同时造成 3 人以上的人员受伤，其特点是伤员多、伤情不确定、抢救难度大、社会影响大等，需要在短时间内有序进行全体伤员的紧急救治工作，减少伤亡率和致残率，将社会影响降到最低。按照国际规范，采用红、黄、绿、黑四种颜色的标签，分别表示不同的伤情及获救轻重缓急的先后顺序。

类别	程度	标志	伤情
第一优先	危重	红色	呼吸频率>30次/分或<6次/分；有脉搏跳动，毛细血管充盈时间>2秒；有意识或无意识
第二优先	重	黄色	呼吸频率为6~30次/分；有脉搏跳动，毛细血管充盈时间<2秒；能正确回答问题、按指令动作
第三优先	轻	绿色	可自行走动
死亡	致命	黑色	无意识、无呼吸、无脉搏跳动

7. 途中监护

经过现场有效的止血、包扎、固定等急救处置后，在转送伤病员至医院的途中，要继续给予生命体征等适时监护及基本救治,警惕随时可能发生的病情变化。

二、现场急救技术

心肺复苏、止血、包扎、固定、搬运是急救的 5 项基本技术。

1. 心肺复苏

(1) 心肺复苏定义　严重创伤、溺水窒息、电击、中毒、手术麻醉意外等都可能导致心跳呼吸骤停,一旦心跳呼吸骤停,应立即实施心肺复苏术。心肺复苏 (cardio-pulmonary resuscitation, CPR) 是针对呼吸、心跳停止的急症危重病人所采取的抢救关键措施。

> **加油站**
>
> **抢救"黄金四分钟"**
>
> 据统计,心脏猝死病人 70% 死于院外,40% 死于发病后 15 分钟。心脏猝死大多是一时性严重心律失常,并非病变已发展到致命的程度。只要抢救及时、正确、有效,多数病人可以救活。大量实践表明,心脏骤停 4 分钟内进行心肺复苏,有 50% 的人能被救活;10 分钟以上进行心肺复苏,几乎无存活可能,所以有"黄金 4 分钟"的说法。

(2) 心肺复苏操作步骤　心肺复苏主要通过胸外按压形成暂时的人工循环并恢复自主搏动,采用人工呼吸代替自主呼吸,重新恢复自主循环,具体操作步骤如图 9-4 所示。

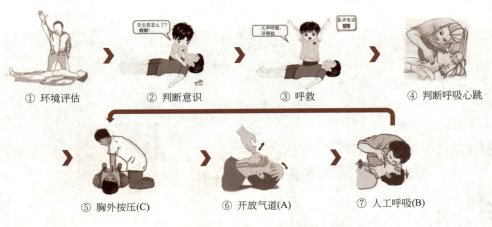

图9-4　心肺复苏操作步骤

① 环境评估　评估现场环境安全。
② 判断意识　双手拍打患者双肩并大声地呼叫病人,观察有无反应。
③ 呼救　呼叫周围人员帮忙拨打急救电话 120。
④ 判断呼吸心跳　解开患者外衣,触摸颈动脉,同时凑近他的鼻子、嘴边,感受是否有呼吸,观察胸廓起伏。若没有呼吸,10s 无脉搏跳动,应立即使病人仰卧在平硬的平面上,松解衣领

及裤带，进行心肺复苏。

⑤ 胸外按压（circulation） 施救人员要跪在患者身体一侧，以右手叠扣于左手手背上，将左手掌根部置于按压部位，肘关节伸直，依靠上半身的力量垂直向下按压两乳头连线中点。

- 按压深度：至少5cm
- 按压频率100～120次/分

⑥ 开放气道（airway） 取出口腔异物，清除分泌物。采用仰头抬颌法（用手推前额使头部尽量往后仰，另一手臂将颈部向前抬起）打开气道。

⑦ 人工呼吸（breathing） 施救者一手捏住患者鼻孔，然后深吸一大口气，迅速用力向患者口中吹气，然后放松鼻孔，每5s反复一次，直到恢复自主呼吸。

⑧ 持续循环进行心肺复苏的三个关键步骤——胸外按压、开放气道和人工呼吸（简称C-A-B），每进行五个循环后，对患者的呼吸心跳进行检查评估。

⑨ 判断复苏是否有效（听是否有呼吸音，同时触摸是否有颈动脉搏动）。

⑩ 人文关怀，整理病人衣服，进一步生命支持。

> **加油站**
>
> **身边的"救命神器"——自动体外除颤仪**
>
> 自动体外除颤仪（AED）是一种急救设备，可以为心脏病突发患者进行电除颤，及时除颤是迄今公认制止心脏猝死的最有效方法。
>
> AED的特点：
>
> ① 可自主分析病人心律，并判断是否需要电击除颤。
>
> ② 作为紧急救护"傻瓜机"，全程语音指导，相比较人工心肺复苏操作，更加简单易学。
>
> 我国不少城市已在地铁站、高校、大型购物中心等越来越多的人员密集场所配备AED，可以通过微信小程序"AED地图"寻找身边的AED设备。
>
>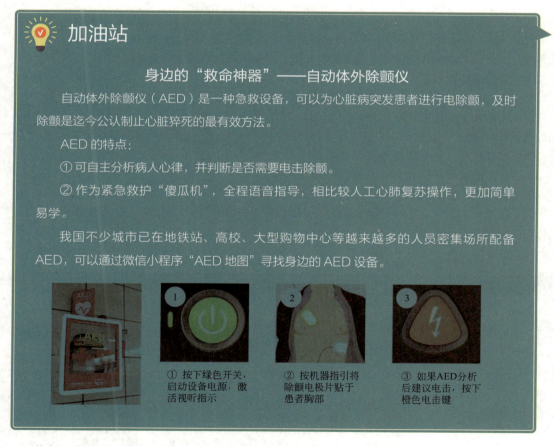
>
> ① 按下绿色开关，启动设备电源，激活视听指示
> ② 按机器指引将除颤电极片贴于患者胸部
> ③ 如果AED分析后建议电击，按下橙色电击键

值得注意的是，化工场所人员心跳呼吸骤停可能因呼吸道中毒所致，施救者务必先做好个人毒物防护措施，将中毒人员救出现场再进行施救。对中毒者进行心肺复苏时，禁止口对口吹气，以免施救者中毒。

2. 止血

（1）出血的临床表现 成人的血液约占其体重的8%，失血总量达到总血量的20%以上时，

伤员出现脸色苍白、手脚发凉、呼吸急促、心慌气短等症状，脉搏快而细，血压下降，继而出现出血性休克。当出血量达到总血量的40%时，就有生命危险。

(2) 出血的种类　按照损伤血管的不同，可分为静脉出血、动脉出血和毛细血管出血，如图9-5所示。

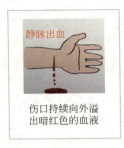  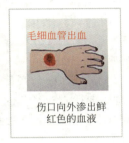

图9-5　出血的种类

(3) 止血方法　止血方法包括一般止血法、加压包扎止血法、指压止血法、止血带止血法等。

① 一般止血法　创口小的出血，局部用生理盐水冲洗，周围用75%的酒精涂擦消毒，然后盖上无菌纱布，用绷带包紧即可。如毛发部位出血，应剃去毛发再清洗消毒后包扎。

② 加压包扎止血法　用消毒纱布或干净的毛巾、折叠布块盖住伤口，再用绷带、条状布带或三角巾紧紧包扎，其松紧度以能达到止血目的为宜，如图9-6所示。此种止血方法多用于静脉出血和毛细血管出血，但有骨折或可疑骨折或关节脱位时，不宜使用此法。当伤口在肘窝、腋窝、腹股沟时，可在加垫后屈肢固定在躯干上加压包扎止血。

图9-6　加压包扎止血法

③ 指压止血法　浅表皮肤裂伤出血时，手指压迫供应出血部位的动脉，使其压闭而止血。身体各部位出血指压方法见表9-2。

表9-2　指压止血部位与方法

出血部位	指压止血部位与方法	动作范例
头面部出血	颈总动脉压迫法：用拇指或其他四指在颈总动脉搏动处，压向颈椎方向	
头顶部出血	面动脉压迫止血法：用食指或拇指压迫同侧耳前方颞浅动脉搏动点	
颜面部出血	颞浅动脉压迫止血法：用食指或拇指压迫同侧面动脉搏动处。面动脉在下颌骨下缘下颌角前方约3cm处	

续表

出血部位	指压止血部位与方法	动作范例
肩腋部出血	锁骨下动脉压迫止血法：用食指压迫同侧锁骨窝中部的锁骨下动脉搏动处，将其压向深处的第一肋骨	
前臂出血	肱动脉压迫止血法：用拇指或其余四指压迫上臂内侧肱二头肌内侧沟处的搏动点	
手部出血	尺桡动脉压迫止血法：互救时两手拇指分别压迫手腕襟横纹稍上处，内外侧（尺、桡动脉）各有一搏动点	
手指出血	指动脉压迫法：由于指动脉走行于手指的两侧，故手指出血时，应捏住指根的两侧而止血	
大腿以下出血	股动脉压迫止血法：自救用双拇指重叠用力压迫大腿上端腹股沟中点稍下方股动脉搏动处	
足部出血	足部出血压迫止血法：用两手指或拇指分别压迫足背中部近踝关节处的足背动脉和足跟内侧与内踝之间的胫后动脉	

④ 止血带止血法 适用于不能用加压止血的四肢大动脉出血。用表带、橡皮管或布条缠绕伤口上方肌肉多的部位，松紧度以摸不到远端动脉的搏动，伤口刚好止血为宜，过松无止血作用，过紧会影响血液循环，易损伤神经，造成肢体坏死。

上止血带时必须在明显的部位标明上止血带的部位和时间；上止血带的时间超过 2h，要每隔 1h 放松一次，每次 8min，为避免放松止血带时大量出血，放松期间可改用指压法临时止血。

a. 表带式止血带止血法 将止血带缠在肢体上，一端穿进扣环，拉紧至伤口处停止出血为度（见图 9-7）。

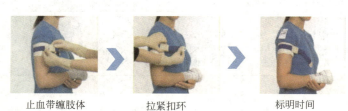

止血带缠肢体 ➤ 拉紧扣环 ➤ 标明时间

图 9-7 表带式止血带止血法

b. 橡皮管止血带止血法　先用绷带或布块垫在上止血带的部位，两手将止血带中段适当拉长，绕出血伤口上端肢体2～3圈后固定，借助橡皮管的弹性压迫血管而达到止血的效果（见图9-8）。

c. 布条止血带止血法　常用三角巾、布带、毛巾、衣袖等平整地缠绕在加有布垫的肢体上，拉紧或用"木棒、筷子、笔杆"等拧紧固定（见图9-9）。

图9-8　橡皮管止血带止血法

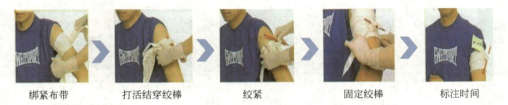

绑紧布带　　打活结穿绞棒　　绞紧　　固定绞棒　　标注时间

图9-9　布条止血带止血法

对内出血或可疑内出血的伤员，应让伤员绝对安静不动，垫高下肢，有条件的可先输液，应迅速将伤员送到距离最近的医院进行救治。

3. 包扎

包扎的目的在于保护伤口，减少感染，固定敷料夹板，减轻伤员痛苦，防止刺伤血管、神经等严重并发症，加压包扎还有止血的作用。

（1）包扎材料　常用的包扎材料有绷带、三角巾、医用无菌纱布等，如图9-10所示。

① 绷带　由纱布或棉布制成，适用于四肢、尾部、头部以及胸腹部。

绷带　　　三角巾　　医用无菌纱布

图9-10　包扎常用材料

② 三角巾　操作简单，使用方便，包扎面积大。可对全身各部位进行止血和包扎，尤其是对肩部、胸部、腹股沟部和臀部等不易包扎的部位也简单易行。

③ 医用无菌纱布　采用脱脂棉纱布制成，用于外敷清创护理、保健护理。

救护现场没有常规医用包扎材料时，可用身边的衣服、毛巾等材料进行包扎。

（2）包扎的方法　不同的包扎部位有不同的包扎方法，常用的有三角巾包扎法和绷带包扎法。

① 三角巾包扎法　主要包括头部帽式包扎法、头耳部风帽式包扎法、三角巾眼部包扎法、三角巾胸部包扎法、三角巾下腹部包扎法、三角巾肩部包扎法、三角巾手足部包扎法、三角巾臀部包扎法等，如表9-3所示。

表9-3　三角巾包扎法

包扎部位	包扎方法	示意图
头部	头部帽式包扎法	
	头耳部风帽式包扎法	

续表

包扎部位	包扎方法	示意图
眼部	三角巾眼部包扎法	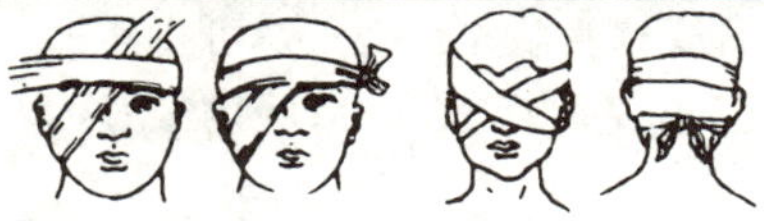
肩部	三角巾肩部包扎法	
胸部	三角巾胸部包扎法	
手部	三角巾手部包扎法	
足部	三角巾足部包扎法	
臀部	三角巾臀部包扎法	

② 绷带包扎法　通常有八字包扎法、环形包扎法、螺旋包扎法和回返包扎法等，如图9-11所示。

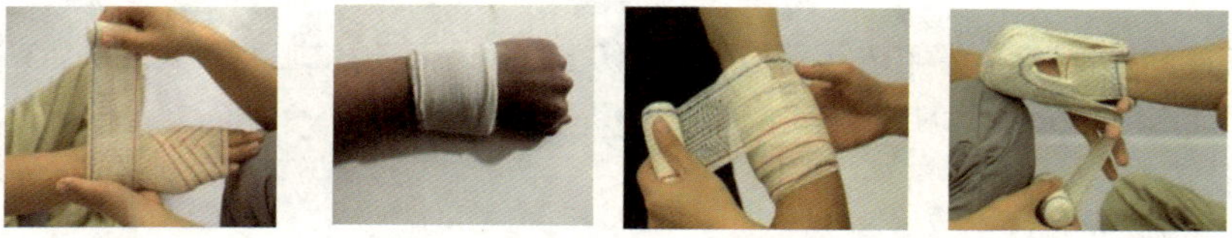

　　八字包扎法　　　　环形包扎法　　　　螺旋包扎法　　　　回返包扎法

图9-11　常用绷带包扎方法

4. 骨折固定

出现外伤后尽可能少搬动病人，疑脊椎骨折必须用木板床水平搬动，绝对禁忌头、躯体、脚不平移动。

患者骨折端早期应妥善地简单固定，如无专业固定材料，可用木板、木棍、树枝等，所选用材料要长于骨折处上下关节。

固定时可紧贴皮肤垫上毛巾等松软物，外以固定材料固定，以细布条捆扎。经上述急救后即送医院进行伤口处理。常见部位骨折固定急救效果图如图9-12所示。

5. 搬运护送

搬运护送时，病人应以平卧为好，使其全身舒展，上下肢放直。根据不同的病情，有不同的要求：

① 高血压脑出血病人,头部可适当垫高,减少头部的血流。
② 昏迷者,可将其头部偏向一侧,以便呕吐物或痰液污物顺着流出来,不致吸入。
③ 外伤出血处于休克状态的病人,可将其头部适当放低些。
④ 心脏病患者出现心力衰竭、呼吸困难者可采取坐位,使呼吸更通畅。

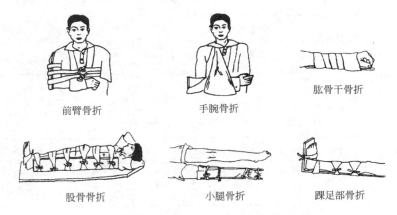

图9-12 常见部位骨折固定急救效果图

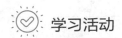

现场急救

1. 活动描述

(1) 小王的同事小李在工作中因吸入高浓度氮气出现晕厥,小王需要对同事进行心肺复苏,帮助他脱离生命危险。

(2) 小王的同事小张右上臂和左手背被重物砸伤出血,请用三角巾止血带止血法为其右上臂止血,用八字绷带包扎法为其左手背包扎。

2. 活动实施

(1) 填写心肺复苏操作步骤。

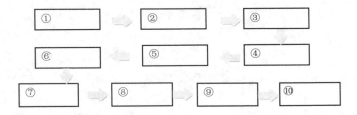

(2) 对模拟人进行心肺复苏操作。
(3) 选择合适的止血包扎材料,完成表9-4。

表9-4 止血包扎材料选择

序号	任务	材料
1	三角巾止血带止血	
2	手部绷带八字包扎	

（4）为伤员实施止血包扎操作。
（5）完成现场整理。

3. 评估谈话

（1）你认为掌握现场急救技能的意义是什么？
（2）工作中发生突发事件需要对人员进行现场急救时如何做好自身的防护？
（3）你认为心肺复苏成功与否取决于哪些方面？

4. 活动评价

活动评价表见表9-5。

表9-5 活动评价表

序号	评价项目	评价内容	配分	考核点说明	得分	评价记录
1	心肺复苏	步骤正确	10	步骤名称和顺序填写正确（错一项扣2分）		
		操作规范	5	检查确认（错漏一处扣2分）		
			10	胸外按压（按压姿势、深度、次数符合要求，错一处扣1分）		
			5	人工呼吸（吹气动作、大小、次数符合要求，错一处扣1分）		
			5	完成胸外按压和人工呼吸五个循环，现场整理（错一处扣2分）		
			5	急救时间（2min内完成五个循环，每超时0.5min扣2分，最多扣5分）		
2	包扎止血	三角巾止血带止血	5	材料选用正确		
			10	戴手套；物品准备齐全；操作正确规范，错一处扣2分		
		手部绷带八字包扎	5	材料选用正确		
			10	戴手套；物品准备齐全；操作正确规范，错一处扣2～5分		
3	现场整理	使用工具、材料复位	10	工具、材料归位整齐，每个点1分，未归位不得分		
		环境整洁	5	地面整洁、打扫工具摆放整齐，每个点1分，不整洁不得分		
4	专业谈话	答题准确度	15	少答一题、错答一题扣5分；答题表达准确5分/题，基本准确3分/题，词不达意0分		
	总配分		100	总得分		

巩固练习

1. 现场急救的基本流程是：

☐ ⇨ ☐ ⇨ ☐ ⇨ ☐ ⇨ ☐ ⇨ ☐ ⇨ ☐

2. 若伤员有面色苍白、脉搏快而弱、四肢冰凉等大出血症状，却没有明显的伤口，应警惕_____。

3. 进行胸外按压时，按压深度要求是：胸骨的下陷深度至少____cm，按压频率每分钟至少_____次，每个循环按压次数为_____。

4. 心肺复苏关键的三个步骤顺序为（　　）。
   A．开放气道 - 人工呼吸 - 胸外按压　　B．人工呼吸 - 开放气道 - 胸外按压
   C．胸外按压 - 人工呼吸 - 开放气道　　D．胸外按压 - 开放气道 - 人工呼吸

5. 指压止血法的做法是通过手指压迫出血部位的（　　），使其压闭而止血。
   A．皮肤　　B．动脉　　C．静脉　　D．毛细血管

6. 包扎常用的材料有_____、_____、_____。

7. 对于不同的病情，搬运护送有不同的要求，请将病情与相应的搬运护送方法连线。

   高血压脑出血　　　　　　头部适当放低
   外伤出血　　　　　　　　头部偏向一侧
   心力衰竭呼吸困难　　　　头部适当垫高
   昏迷　　　　　　　　　　采取坐位

8. 某化工生产事故现场，有多人受伤，你作为现场第一目击者：
（1）应该如何进行现场救护？
（2）从哪些方面对伤者进行评估？
（3）拨打急救电话时需要注意什么？

文本文件资源

教学视频动画资源

学习情境十
职业发展

情境描述

小王经过多年的不懈努力,成了聚氨酯装置的生产主管。这一切得益于他的勤奋与坚持。他始终坚信"机遇总是眷顾于有准备的人"!

今天,小王应邀参加母校举办的优秀校友经验交流会,聚光灯下,小王向学弟学妹们分享了成功的经验。

任务　岗位晋升解析

任务描述

小王在公司从一名现场操作员成功晋升为聚氨酯装置的生产主管,他的成功绝非偶然。在工作的这段时间里,他通过了解公司的职级体系、岗位晋升条件和程序,确立了奋斗目标,并充分利用公司提供的各类成长平台,努力工作与学习,实现了职场突围。

> **学习目标**
> 知晓公司的职级体系及岗位晋升的评聘程序。
> 能概述实现职场突围的途径和举措。
> 会运用 SMART 原则制定职业发展目标。
> 了解 5S 管理和 PDCA 循环管理工具,会运用其提升工作效率。
> 树立正确的职业发展观,具备良好的职业道德和职业素养。

每位有抱负的员工都希望攀登职业高峰,实现个人价值。公司也会为员工搭建职业发展的平台(即职业阶梯),创造努力向上的各种机会。员工有必要提前了解公司的职业发展晋升通道,制定奋斗目标,以便在职业发展中占得先机,赢在起跑线上。

一、职业阶梯

公司将所有的岗位按照难易程度、责任范围等从低到高的次序进行排列,形成一个或几个职位序列,这就是公司的职级体系,也称为职业阶梯。

国有企业典型的职级体系通常有三种系列:行政管理序列、专业技术序列和技能操作序列。一般行政管理序列与专业技术序列可以相通,它们在职级上是对等的。职场新人在技术职级上达到规定等级后,既可以选择继续走技术路线,也可以选择走管理路线。图 10-1 为某大型国有企业的职级体系。

大型跨国公司典型的职级体系通常有两种系列,一是管理序列,二是技术序列。管理序列的职业阶梯供员工顺着管理岗位往上攀登;技术序列的职业阶梯供员工顺着技术岗位往上攀登。同样,这两者之间也可以相通。

中小型企业的职级体系,有的包含管理序列和技术序列两种系列;有的只有管理序列,没有为非管理岗位人员的职业发展搭建平台;有的由于人员规模小,尚未形成稳定的职级体系。

二、岗位晋升

晋升是指公司员工从较低职级升到较高职级。任何公司的晋升都需要满足一定的资历、绩效、能力和品德等要求。晋升有规范的程序,管理序列的晋升一般通过职务聘任实现,技术序列的晋升级通过技术职称考评予以达成,而技能操作系列的晋升则通过技能操作等级评定实现。

1. 管理职务聘任

管理职务聘任是指公司根据工作岗位的需要,聘请具备任职条件的人员承担相应的管理工作。

管理职务聘任遵循因事择人、用人所长、双向选择的原则。

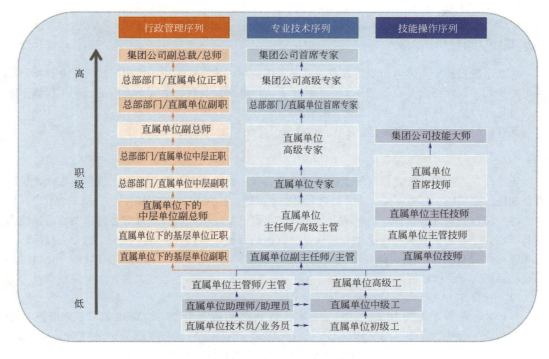

图10-1 某大型国有企业的职级体系

聘任制给公司和竞聘人员双方都赋予了选择的权利。公司在岗位需要的情况下，有权向竞聘者进行考核、审查，决定是否聘用，并有权按规定决定试用期，对不合格人员解除聘约；竞聘者也可以拒聘或在聘期内提出辞职。要遵守规定，积极履行聘任职责，完成本职工作。以职务聘任为激励手段，可以不断优化公司组织结构，提高员工工作效能。

2. 专业技术职称评定

专业技术职称评定的实质是对专业技术人员的任职资格进行认定，它是由各类各级专业技术职务评审委员会，根据政府相关管理部门统一制定的各系列专业技术职务条件和有关规定，进行评判和审核，客观公正地测定申报人的任职条件和履行职责的能力、水平，根据其测定结果，确定其任职资格，作为职务聘任的依据。

在任职资格评审前，将评审条件、评审方式和评审方法向公司内部专业技术人员公开，使每个专业技术人员都能获得公开申报的机会，并参加在相同条件下的竞争，保证专业技术职务资格评审和聘任工作的公平与公正。专业技术职称评定遵循德才兼备、依法办事、公开、平等、竞争原则。

3. 技能操作等级评定

为鼓励一线操作人员提高技能水平和服务质量，各类企业为技能操作人员设置了职业发展通道，并设立了相应的等级评定标准。一般大型国有企业的技能操作等级评定是以《国家职业分类大典》和行业工种目录为依据，民营企业和外资企业等是以岗位所需的知识和技能为依据，由企业技能评定委员会对技能操作人员组织开展职业技能等级考核和评价工作。

技能操作等级评定严格遵循"科学化管理、规范化考核"的评定方针，采取现场督导和远程视频监控等措施,强化技能操作等级评定环节的规范管理,杜绝舞弊行为。技能操作等级评定遵循考培分离、客观公正、科学规范的原则。

三、职场突围

只有不断提升个人能力和职业素养,提高工作效率,才能实现职场突围,达成职业目标。职场上的成功不仅能帮助员工看到一个更大的世界,也能帮助其在勇敢突出重围的过程中找到不断突破自我的力量,将来为社会作出更大的贡献。

优秀的职场成功人士都具有非常优秀的素质及职场突围制胜法宝。

1. 明确的目标

无论是在人生中,还是在职场上,每个人都要预先设定目标。没有目标,就没有方向,也没有目的地。在职场,好的目标一般要契合公司发展目标,符合SMART原则。

(1)契合公司发展目标 在职场上,公司提前制定发展战略和年度经营目标,然后分解成公司各部门和子公司的目标,再继续分解成基层班组的目标,最后分解成每位员工的个人目标。员工根据公司分解后的目标,结合个人发展需求,制定符合SMART原则的长期目标(即总目标)和短期目标(即阶段目标)。

(2)符合SMART原则

SMART原则(见图10-2),指的是目标必须是明确具体的(Specific)、可衡量评估的(Measurable)、可达成的(Attainable)、可相关联的(Relevant)、有时间限制的(Time-bound)。做一项工作之前,通过SMART原则制定的目标更具可执行性。

图10-2 SMART原则

对于员工来说,结合自身实际,设定一个契合公司发展、符合SMART原则的好目标,开好头,找对方向,坚持做好,成功是必然的。

2. 职业精神和主人翁意识

(1)职业精神 职业精神是指在长期的职业活动中人们所表现出来的特有精神动力,是人们在职业活动中所体现出的行为表现。良好的职业精神体现在热爱自己的职业,以自己的工作为荣;谨慎认真地做好本职工作,严守自己的工作岗位;专业知识扎实,技能操作娴熟。

(2)主人翁意识 主人翁意识是一种当家做主的意识,员工树立主人翁意识,真正地把自身的职业命运与企业的成长结合起来,切实地提高职业技能,拓宽业务水准,将能不断地为企业的软文化建构奉献更多的才智,为企业创造更多的价值。

3. 有效沟通和良好的人际关系

（1）有效沟通　在公司内，沟通是指正式的、非正式的领导者与被领导者之间自上而下或者自下而上以及平行部门之间或同一层级人员之间的信息交流。若要融入工作团队，就要多花时间和精力，学习和增强与人沟通的态度、能力和方法，学会处理人际关系，使大家和谐相处，以便工作的顺利开展。

面对不同的沟通对象，选择合适的沟通方式。

① 与上级沟通

a. 主动与上级领导就下一步工作安排进行沟通，以便统一思想，提高效率。

b. 完成上级部署的工作任务后，应向上级反馈工作结果，而不是被动地等待上级过问。

② 内部沟通　在推进工作的时候，和企业内部相关部门的人员保持沟通，以便取得支持。

③ 外部沟通　主动与客户联系，并将客户反馈情况及时传达给上级领导。

（2）良好的人际关系　良好的人际关系是自由、真诚和平等的。在良好的工作氛围中，每个员工在得到他人认可的同时，都能积极地贡献自己的力量，在工作中能够随时灵活方便地调整工作方式，提高工作效率。

4. 提高工作效率

职场工作中学会运用 5S、PDCA 等管理手段，将大大提升工作效率，助力职业发展，达成职业目标。

（1）5S 管理　5S 指整理（SEIRI）、整顿（SEITON）、清扫（SEISO）、清洁（SEIKETSU）、素养（SHITSUKE）。

5S 管理实质上是环境与行为建设的文化体现，它能有效解决工作场所凌乱、无序的状态，有效提升个人行动能力与素质，有效改善文件、资料、档案的管理，有效提升工作效率和团队业绩，使工序简洁化、人性化、标准化。5S 管理是现场管理中比较常用、重要的管理工具。其主要含义及目的如表 10-1 所示。

表 10-1　5S 管理的含义及目的

5S 项目	基本含义及目的
整理（SEIRI）	区分必需品与非必需品，现场不放置非必需品，目的是腾出空间和防止误用
整顿（SEITON）	实施定置管理规定，合理摆放物品并进行有效标识，目的是使得工作场所一目了然，以消除寻找物品的时间，它是提高效率的基础
清扫（SEISO）	清扫工作现场，注重细微之处，目的是保证整个工作场所处于整洁干净的状态

5S 项目	基本含义及目的
清洁 （SEIKETSU）	持续推行整理、整顿、清扫，并使之制度化、标准化，目的是维持、巩固前面3S 的成果
素养 （SHITSUKE）	培养员工养成严格遵守规章制度的习惯，并进行持续改善，目的是使 5S 要求成为员工日常工作中的自觉行为

执行 5S，不仅保证了公司优雅的生产和办公环境，良好的工作秩序和严明的工作纪律，也大大提高了员工的工作效率，达到减少浪费、节约物料成本和时间成本的要求。

（2）PDCA 循环管理　PDCA 指计划（Plan）、执行（Do）、检查（Check）、处理（Act），其基本模型如图 10-3 所示。PDCA 循环又称质量环或戴明环（Deming Cycle），是管理学中的一个通用模型，是不断推进和改善工作的有效工具，在质量管理和提升工作效率中得到了广泛的应用。

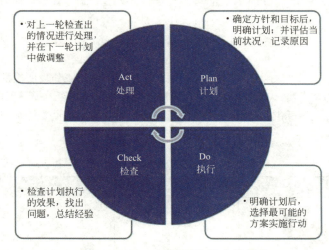

图10-3　PDCA循环的基本模型

PDCA 循环的实施主要包括以下步骤：
① 分析现状、发现问题。
② 分析质量问题中各种影响因素及主要原因。
③ 采取解决问题的措施。
④ 按措施计划的要求去做。
⑤ 将执行结果与要求达到的目标进行对比。
⑥ 将成功的经验总结出来，制定相应的标准。
⑦ 将没有解决或出现的新问题转入下一个 PDCA 循环。

5. 不断提升个人能力

（1）加强业务学习，提升专业技能　若要攀登公司职业发展的阶梯，必须具备较高的文化水平、较宽的知识面、较强的专业技能、较好的组织协调能力，还要具有一定的领导决策能力等。

（2）锐意进取，不断提高管理能力　公司需要大量从基层做起、熟悉企业情况的各级管理者。管理能力是在锻炼和实践中培养出来的，没有天生就有管理能力的人。员工在提升专业技能的同时，还要积极参加各类培训，在工作中实践，不断提高管理能力，为将来的晋升做好准备。

（3）善于总结，善于思考　员工要经常总结自己的工作，每个阶段、每件事情都要及时全面总结，从中发现成功和不足、经验和教训，通过反思、总结，继而提炼出对工作有帮助的东西，然后加以推广和发扬。

"行成于思毁于随"，善于思考也很重要。思考应当是全方位的，做事情之前的构思、计划与决策，过程中的监督、分析与比较，以及事后的检查与总结，都需要进行系统的思考。俗话说，不打无把握之仗，要目标明确、准备充分、有的放矢，才能赢得最终的胜利。

6. 关注长期价值，坚守目标，增强职业发展信心

（1）树立长期主义价值观　个人职业发展应树立长期主义价值观，即从十年、二十年甚至更长的时间维度审视当前的行动与长远价值的匹配度，进而做出相应调整优化，使之朝着人生目标方向发展。工作中持长远的眼光理性看待问题，少一些怨天尤人，多一些感恩知足；少一些心浮气躁，多一些脚踏实地。

（2）不忘初心，牢记使命　中国共产党的初心和使命是"为中国人民谋幸福，为中华民族谋复兴"。中国共产党领导下的化工行业的初心和使命具体化为"振兴化工产业，改善人民生活"。今天，化工行业还有不少高端化工产品的关键技术仍被垄断，这需要我们这代化工人牢记初心和使命，自强不息，奋力拼搏，开拓创新，以实力赢尊重，以改革求突破，以创新谋发展。

（3）道阻且长，行则将至；行而不辍，未来可期　任何人的职业生涯都不可能一帆风顺，即使具备了成功的有利条件，有时也难免会遭遇失败和挫折。这时需要及时调整心态，增强职业发展信心，排除万难，朝着人生的目标稳步前行，未来一定充满希望！

案例赏析

2021年大国工匠年度人物——刘丽：不相信侥幸，要付出200%的努力

刘丽自技校毕业便来到了大庆油田老标杆采油48队当上了石油工人，现任大庆油田第二采油厂第六作业区48队采油工班长。

刘丽用刻苦钻研、改革创新、追求极致和持之以恒的精神铸就了不平凡的人生。在刘丽的眼里，只要是工作中不顺手、不方便、效率不高的地方，通过钻研都可以创新。几十年来，采油工一直沿用抠取的办法更换盘根盒密封圈，操作费劲，还总漏油，影响采油产量和效益。刘丽看在眼里急在心上，围绕这一难题日思夜想，直到有一次在转动口红时受到启发，想到了通过旋转的方式把这个密封圈顶出来。她立即着手设计图纸，找厂家加工，不断试验各类材质，终于成功设计出了上下可调式盘根盒。这一项创新发明，就让更换一次盘根盒的时间比原来节省了近五十分钟；不仅使用期限延长，还带节电功能。自推广以来，已创造经济效益上千万元。

从业以来，刘丽取得的创新成果有145项，抽油机井调平衡专用工具、防盗维修封井器等获得国家专利的项目就有28项。刘丽的创新热情也在影响着身边的同事，她的工作室成员已经超过500人，涉35个工种，研发技术革新成果1048项，获国家专利174项，推广成果5000余件，创效1.2亿元。

在采油生产一线的29年从业生涯里，刘丽遇到过很多困难和挫折，每当想退却时，"大庆精神""铁人精神"一直像一面旗帜，激励着她不断向前继续前行。心怀铁人精神，刘丽将自己的座右铭定为：不

相信侥幸，要付出200%的努力。功夫不负有心人，她终于从一名初见抽油机两腿哆嗦的小姑娘，蜕变成为中国石油天然气集团有限公司技能专家协会主任，成为万众瞩目的大国工匠。

巩固练习

1. 什么是公司的职级体系？请说出化工操作员的职业发展路线。
2. 如果你就业了，将如何实现岗位晋升？
3. 请根据个人实际情况谈谈如何提升未来的竞争力。
4. 下列关于PDCA的说法正确的是（   ）。（多选题）
    A. PDCA是认识飞跃和实践飞跃的过程。
    B. PDCA的实施意义在于持续改进、质量提升。
    C. PDCA改善只需一次性达到目标，不需要循环进行。
    D. PDCA是指每个部门制定自己的方针即可，不需要围绕系统方针实施。
5. 有关整理的方法，正确的有（   ）。（多选题）
    A. 很少使用的物品放在工作场所内固定的位置。
    B. 有用但不常用的物品，放置于储存室或货仓。
    C. 不能用或不再使用的物品，废弃处理。
    D. 将物品分区摆放，同时做好相应的标识。
6. 有关整顿的做法，正确的有（   ）。（多选题）
    A. 将生产、工作、生活场所打扫得干干净净。
    B. 将已确定无用的物品及时清理，腾出更多的空间，并加以利用。
    C. 整理有用的物品，规划存放位置并加以标识。
    D. 建立物品存放、管理的有效方法，使之整齐、有条理。
7. 有关清扫的做法，正确的有（   ）。（多选题）
    A. 从地面到墙壁到天花板，对整个空间的所有角落进行彻底清扫。
    B. 机器、设备底部及转动部位是卫生的死角，可以不用注意。
    C. 机器、设备、设施、工具的清洁，防止工具、手套等变成污染源影响产品质量。
    D. 细心寻找污染源并及时消除污染源，是清洁工作的关键所在。
8. 清洁是保持整理、整顿、清扫的成果，检查方法可以是（   ）。（多选题）
    A. 活用检查表。   B. 颜色管理。
    C. 目视管理、看板管理。   D. 对员工进行素质教育，要求员工有纪律观念。
9. 关于素养，下面说法正确的是（   ）。（多选题）
    A. 工作时保持良好的习惯。
    B. 衣着端庄，待人接物有诚信、有礼貌。
    C. 爱护生产、生活设施、公物，节约用电、用水。
    D. 每个员工在遵守公司规章制度的同时，维持前面4S的成果，养成积极主动的工作作风。
10. 结合自身情况，制定符合SMART原则的长期和短期学习目标。
11. 何为长期主义价值观？请谈谈树立长期主义价值观对个人职业发展的重要性。

学习情境十
教学视频动画资源

附录

一、配套数字资源目录

1. 文本文件资源

序号	资源名称	所在学习情境
1	中国化学工业百年发展大事记	一
2	《职业病分类和目录》（国卫职健发〔2024〕39号）	二
3	《中华人民共和国职业病防治法》（2018年）	二
4	《职业病危害因素分类目录》（国卫疾控发〔2015〕92号）	二
5	江苏省苏州昆山市某金属制品有限公司"8.2"特别重大爆炸事故调查报告	二
6	《光气安全技术说明书》	二
7	《双酚A安全技术说明书》	二
8	《中华人民共和国安全生产法》（2021年第三次修正）	三
9	《中华人民共和国劳动法》（2018年）	三
10	《中华人民共和国劳动合同法》（2012年）	三
11	《中华人民共和国劳动合同法实施条例》（2008年）	三
12	《中华人民共和国劳动争议调解仲裁法》（2007年）	三
13	《危险货物包装标志》（GB 190—2009）	五
14	《氢氟酸安全技术说明书》	五
15	《化学品安全标签编写规定》（GB 15258—2009）	五
16	《用人单位劳动防护用品管理规范》（2018年）	五
17	《个体防护装备配备规范 第2部分：石油、化工、天然气》（GB 39800.2—2020）	五
18	常见化工设备故障及处理方法	六
19	温度计常见故障及处理方法	六
20	压力计常见故障及处理方法	六
21	物位计常见故障及处理方法	六
22	流量计常见故障及处理方法	六
23	AOBO聚氨酯胶生产工艺流程框图识读答案	六
24	水性聚氨酯合成工艺流程简图识读答案	六
25	聚氨酯弹性体生产工艺流程框图绘制答案	六
26	聚异氰酸酯生产工艺流程简图绘制答案	六
27	主要设备一览表	六
28	仪表控制点一览表	六
29	主要物料管线一览表	六
30	工艺流程简述	六
31	《危险化学品企业特殊作业安全规范》（GB 30871—2022）	八
32	动火安全作业票	八
33	《化工企业能量隔离实施指南》（T/CCSAS 013—2022）	八
34	某化工企业危险化学品火灾（爆炸）应急预案	九
35	常见危险化学品中毒处理办法	九

2. 教学视频动画资源

序号	资源名称	所在学习情境
1	《现代化工职业基础》教材介绍	封面
2	化工生产一线岗位工作画像	一
3	化工行业职业禁忌	二
4	劳动维权	三
5	危险化学品	五
6	劳动防护用品	五
7	正压式空气呼吸器的使用	五
8	化工装置认知	六
9	单级单吸离心泵	六
10	液压隔膜往复泵	六
11	往复式气体压缩机	六
12	卧式储罐	六
13	间歇式釜式反应器	六
14	板式精馏塔	六
15	U形管式换热器	六
16	板框压滤机	六
17	烛式过滤器	六
18	闸阀	六
19	截止阀	六
20	球阀	六
21	螺纹连接	六
22	法兰连接	六
23	承插连接	六
24	化工产品质量检测流程	六
25	单回路自动控制回路简介	六
26	化工装置巡回检查	七
27	受限空间作业	八
28	生产现场火灾应急	九
29	心肺复苏	九
30	止血包扎	九
31	5S管理	十

郑重声明

本书中的二维码资源均由编者提供，资源内容由编者单位严格管理，平台资源管理由出版社负责。

二、安全标志

安全标志分禁止标志、警告标志、指令标志和提示标志四大类型。

1. 禁止标志

编号	图形标志	名称	设置范围和地点
1-1		禁止吸烟 No smoking	有甲、乙、丙类火灾危险物质的场所和禁止吸烟的公共场所等，如木工车间、油漆车间、沥青车间、纺织厂、印染厂等
1-2		禁止烟火 No burning	有甲、乙、丙类火灾危险物质的场所，如面粉厂、煤粉厂、焦化厂、施工工地等
1-3		禁止带火种 No kindling	有甲类火灾危险物质及其他禁止带火种的各种危险场所，如炼油厂、乙炔站、液化石油气站、煤矿井内、林区、草原等
1-4		禁止用水灭火 No extinguishing with water	生产、储运、使用中有不准用水灭火的物质的场所，如变压器室、乙炔站、化工药品库、各种油库等
1-5		禁止放置易燃物 No laying inflammable thing	具有明火设备或高温的作业场所，如动火区，各种焊接、切割、锻造、浇注车间等场所
1-6		禁止堆放 No stocking	消防器材存放处，消防通道及车间主通道等
1-7		禁止启动 No starting	暂停使用的设备附近，如设备检修、更换零件等
1-8		禁止合闸 No switching on	设备或线路检修时，相应开关附近
1-9		禁止转动 No turning	检修或专人定时操作的设备附近

续表

编号	图形标志	名称	设置范围和地点
1-10		禁止叉车和厂内机动车辆通行 No access for fork lift trucks and other industrial vehicles	禁止叉车和其他厂内机动车辆通行的场所
1-11		禁止乘人 No riding	乘人易造成伤害的设施，如室外运输吊篮、外操作载货电梯框架等
1-12		禁止靠近 No nearing	不允许靠近的危险区域，如高压试验区、高压线、输变电设备的附近
1-13		禁止入内 No entering	易造成事故或对人员有伤害的场所，如高压设备室、各种污染源等入口处
1-14		禁止推动 No pushing	易于倾倒的装置或设备，如车站屏蔽门等
1-15		禁止停留 No stopping	对人员具有直接危害的场所，如粉碎场地、危险路口、桥口等处
1-16		禁止通行 No throughfare	有危险的作业区，如起重、爆破现场、道路施工工地等
1-17		禁止跨越 No striding	禁止跨越的危险地段，如专用的运输通道、带式输送机和其他作业流水线、作业现场的沟、坎、坑等
1-18		禁止攀登 No climbing	不允许攀爬的危险地点，如有坍塌危险的建筑物、构筑物、设备旁
1-19		禁止跳下 No jumping down	不允许跳下的危险地点，如深沟、深池、车站站台及盛装过有毒物质、易产生窒息气体的槽车、储罐、地窖等处

续表

编号	图形标志	名称	设置范围和地点
1-20		禁止伸出窗外 No stretching out of the window	易于造成头、手伤害的部位或场所，如公交车窗、火车车窗等
1-21		禁止倚靠 No leaning	不能依靠的地点或部位，如列车车门、车站屏蔽门、电梯轿门等
1-22		禁止坐卧 No sitting	高温、腐蚀性、塌陷、坠落、翻转、易损等易于造成人员伤害的设备设施表面
1-23		禁止蹬踏 No steeping on surface	高温、腐蚀性、塌陷、坠落、翻转、易损等易于造成人员伤害的设备设施表面
1-24		禁止触摸 No touching	禁止触摸的设备或物体附近，如裸露的带电体、炽热物体，具有毒性、腐蚀性物体等处
1-25		禁止伸入 No reaching in	易于夹住身体部位的装置或场所，如有开口的传动机、破碎机等
1-26		禁止饮用 No drinking	禁止饮用水的开关处，如循环水、工业用水、污染水等
1-27		禁止抛物 No tossing	抛物易伤人的地点，如高处作业现场、深沟（坑）等
1-28		禁止戴手套 No putting on gloves	戴手套易造成手部伤害的作业地点，如旋转的机械加工设备附近
1-29		禁止穿化纤服装 No putting on chemical fibre clothings	有静电火花会导致灾害或有炽热物质的作业场所，如冶炼、焊接及有易燃易爆物质的场所等

续表

编号	图形标志	名称	设置范围和地点
1-30		禁止穿带钉鞋 No putting on spikes	有静电火花会导致灾害或有触电危险的作业场所,如有易燃易爆气体或粉尘的车间及带电作业场所
1-31		禁止开启无线移动通信设备 No activated mobile phones	火灾、爆炸场所以及可能产生电磁干扰的场所,如加油站、飞行中的航天器、油库、化工装置区等
1-32		禁止携带金属物或手表 No metallic articles or watches	易受到金属物品干扰的微波和电磁场所,如磁共振室等
1-33		禁止佩戴心脏起搏器者靠近 No access for persons with pacemakers	安装人工起搏器者禁止靠近高压设备、大型电机、发电机、电动机、雷达和有强磁场设备等
1-34		禁止植入金属材料者靠近 No access for persons with metallic implants	易受到金属物品干扰的微波和电磁场所,如磁共振室等
1-35		禁止游泳 No swimming	禁止游泳的水域
1-36		禁止滑冰 No skating	禁止滑冰的场所
1-37		禁止携带武器及仿真武器 No carrying weapons and emulating weapons	不能携带和托运武器、凶器和仿真武器的场所或交通工具,如飞机等
1-38		禁止携带和托运易燃及易爆物品 No carrying flammable and explosive materials	不能携带和托运易燃、易爆物品及其他危险品的场所或交通工具,如火车、飞机、地铁等
1-39		禁止携带托运有毒物品及有害液体 No carrying poisonous materials and harmful liquid	不能携带和托运有毒物品及有害液体的场所或交通工具,如火车、飞机、地铁等

续表

编号	图形标志	名称	设置范围和地点
1-40		禁止携带和托运放射性及磁性物品 No carrying radioactive and magnetic materials	不能携带和托运放射性及磁性物品的场所或交通工具,如火车、飞机、地铁等

2. 警告标志

编号	图形标志	名称	设置范围和地点
2-1		注意安全 Warning danger	易造成人员伤害的场所及设备等
2-2		当心火灾 Warning fire	易发生火灾的危险场所,如可燃性物质的生产、储运、使用等地点
2-3		当心爆炸 Warning explosion	易发生爆炸危险的场所,如易燃易爆物质的生产、储运、使用或受压容器等地点
2-4		当心腐蚀 Warning corrosion	有腐蚀性物质(GB 12268—2012 中第 8 类所规定的物质)的作业地点
2-5		当心中毒 Warning poisoning	剧毒品及有毒物质(GB 12268—2012 中第 6 类第 1 项所规定的物质)的生产、储运及使用地点
2-6		当心感染 Warning infection	易发生感染的场所,如医院传染病区,有害生物制品的生产、储运、使用等地点
2-7		当心触电 Warning electric shock	有可能发生触电危险的电气设备和线路,如配电室、开关等
2-8		当心电缆 Warning cable	有暴露的电缆或地面下有电缆处施工的地点

239

续表

编号	图形标志	名称	设置范围和地点
2-9		当心自动启动 Warning automatic start-up	配有自动启动装置的设备
2-10		当心机械伤人 Warning mechanical injury	易发生机械卷入、轧压、碾压、剪切等机械伤害的作业地点
2-11		当心塌方 Warning collapse	有塌方危险的地段、地区，如堤坝及土方作业的深坑、深槽等
2-12		当心冒顶 Warning roof fall	具有冒顶危险的作业场所，如矿井、隧道等
2-13		当心坑洞 Warning hole	具有坑洞易造成伤害的作业地点，如构件的预留孔洞及各种深坑的上方等
2-14		当心落物 Warning falling objects	易发生落物危险的地点，如高处作业、立体交叉作业的下方等
2-15		当心吊物 Warning overhead load	有吊装设备作业的场所，如施工工地、港口、码头、仓库、车间等
2-16		当心碰头 Warning overhead obstacles	有碰头危险的场所
2-17		当心挤压 Warning crushing	易产生挤压的装置、设备或场所，如自动门、电梯门、车站屏蔽门等
2-18		当心烫伤 Warning scald	具有热源易造成伤害的作业地点，如冶炼、锻造、铸造、热处理车间等

续表

编号	图形标志	名称	设置范围和地点
2-19		当心伤手 Warning injure hand	易造成手部伤害的作业地点，如玻璃制品、木制加工、机械加工车间等
2-20		当心夹手 Warning hands pinching	易产生挤压的装置、设备或场所，如自动门、电梯门、列车车门等
2-21		当心扎脚 Warning splinter	易造成脚部伤害的作业地点，如铸造车间、木工车间、施工工地及有尖角散料等处
2-22		当心有犬 Warning guard dog	有犬类作为保卫的场所
2-23		当心弧光 Warning arc	由于弧光造成眼部伤害的各种焊接作业场所
2-24		当心高温表面 Warning hot surface	有灼烫物体表面的场所
2-25		当心低温 Warning low temperature/ freezing conditions	易于导致冻伤的场所，如冷库、气化器表面、存在液化气体的场所等
2-26		当心磁场 Warning magnetic field	有磁场的区域或场所，如高压变压器、电磁测量仪器附近等
2-27		当心电离辐射 Warning ionizing radiation	能产生电离辐射危害的作业场所，如生产、储运、使用 GB 12268—2012 规定的第 7 类物质的作业区
2-28		当心裂变物质 Warning fission matter	具有裂变物质的作业场所，如其使用车间、储运仓库、容器等

续表

编号	图形标志	名称	设置范围和地点
2-29		当心激光 Warning laser	有激光产品和生产、使用、维修激光产品的场所
2-30		当心微波 Warning microwave	凡微波场强超过相关规定的作业场所
2-31		当心叉车 Warning fork lift trucks	有叉车通行的场所
2-32		当心车辆 Warning vehicle	厂内车、人混合行走的路段，道路的拐角处，平交路口；车辆出入较多的厂房、车库等出入口
2-33		当心火车 Warning train	厂内铁路与道路平交路口，厂（矿）内铁路运输线等
2-34		当心坠落 Warning drop down	易发生坠落事故的作业地点，如脚手架、高处平台、地面的深沟（池、槽）、建筑施工、高处作业场所等
2-35		当心障碍物 Warning obstacles	地面有障碍物，绊倒易造成伤害的地点
2-36		当心跌落 Warning drop（fall）	易于跌落的地点，如楼梯、台阶等
2-37		当心滑倒 Warning slippery surface	地面有易造成伤害的滑跌地点，如地面有油、冰、水等物质及滑坡处
2-38		当心落水 Warning falling into water	落水后有可能产生淹溺的场所或部位，如城市河流、消防水池等

续表

编号	图形标志	名称	设置范围和地点
2-39		当心缝隙 Warning gap	有缝隙的装置、设备或场所，如自动门、电梯门、列车等

3. 指令标志

编号	图形标志	名称	设置范围和地点
3-1		必须戴防护眼镜 Must wear protective goggles	对眼镜有伤害的各种作业场所和施工场所
3-2		必须戴遮光护目镜 Must wear opaque eye protection	存在紫外、红外、激光等光辐射的场所，如电气焊车间等
3-3		必须戴防尘口罩 Must wear dustproof mask	具有粉尘的作业场所，如纺织清花车间、粉状物料拌料车间以及矿山凿岩处等
3-4		必须戴防毒面具 Must wear gas defence mask	具有对人体有害的气体、气溶胶、烟尘等作业场所，如有毒物散发的地点或由毒物造成的事故现场
3-5		必须戴护耳器 Must wear ear protector	噪声超过85dB的作业场所，如铆接车间、织布车间、射击场、工程爆破、风动掘进等处
3-6		必须戴安全帽 Must wear safety helmet	头部易受外力伤害的作业场所，如矿山、建筑工地、伐木场、造船厂及起重吊装处等
3-7		必须戴防护帽 Must wear protective cap	易造成人体碾绕伤害或有粉尘污染头部的作业场所，如纺织、石棉、玻璃纤维以及具有旋转设备的机加工车间等
3-8		必须系安全带 Must fastened safety belt	易发生坠落危险的作业场所，如高处建筑、修理、安装等地点

续表

编号	图形标志	名称	设置范围和地点
3-9		必须穿救生衣 Must wear life jacket	易发生溺水的作业场所，如船舶、海上工程结构物等
3-10		必须穿防护服 Must wear protective clothes	具有放射、微波、高温及其他危险因素需穿防护服的作业场所
3-11		必须戴防护手套 Must wear protective gloves	易伤害手部的作业场所，如具有腐蚀、污染、灼烫、冰冻及触电危险的作业地点
3-12		必须穿防护鞋 Must wear protective shoes	易伤害脚部的作业场所，如具有腐蚀、灼烫、触电、砸（刺）伤等危险的作业地点
3-13		必须洗手 Must wash your hands	解除有毒有害物质作业后
3-14		必须加锁 Must be locked	剧毒品、危险品库房等地点
3-15		必须接地 Must connect an earth terminal to the ground	防雷、防静电场所
3-16		必须拔出插头 Must disconnect mains plug from electrical outlet	在设备维修、故障、长期停用、无人值守状态下

4. 提示标志

编号	图形标志	名称	设置范围和地点
4-1		紧急出口 Emergent exit	便于安全疏散的紧急出口处，与方向箭头结合设在通向紧急出口的通道、楼梯口等处

续表

编号	图形标志	名称	设置范围和地点
4-2		避险处 haven	铁路桥、公路桥、矿井及隧道内躲避危险的地点
4-3		应急避难场所 Evacuation assembly point	在发生突发事件时用于容纳危险区域内疏散人员的场所，如公园、广场等
4-4		可动火区 Flare up region	经有关部门划定的可使用明火的地点
4-5		击碎板面 Break to obtain access	必须击开板面才能获得出口
4-6		急救点 First aid	设置现场急救仪器、设备及药品的地点
4-7		应急电话 Emergency telephone	安装应急电话的地点
4-8		紧急医疗站 Doctor	有医生的医疗救助场所

参考文献

[1] 章红，等. 化学工艺概论. 3版. 北京：化学工业出版社，2022.
[2] 蔡庄红，等. 化工制图. 2版. 北京：化学工业出版社，2019.
[3] 劳动合同法相关法律法规文件汇编. 修订版. 北京：中国劳动社会保障出版社，2021.
[4] 董保华. 最新劳动争议维权典型案例精析. 北京：法律出版社，2013.
[5] 葛玉辉，等. 招聘与录用管理实务. 2版. 北京：清华大学出版社，2019.
[6] 章哲. 新员工入职第一课. 北京：中信出版集团，2020.
[7] 张劲松，等. 现代化工企业管理. 北京：化学工业出版社，2015.
[8] 胡迪君，等. 化工安全与清洁生产. 2版. 北京：化学工业出版社，2021.
[9] 中共中央党校（国家行政学院）应急管理培训中心. 新编中华人民共和国安全生产法律法规及文件全书. 北京. 应急管理出版社，2021.
[10] 刘德志，等. 化工企业检修维修特种作业. 北京：化学工业出版社，2019.
[11] 刘承先. 化工生产公用工程. 北京：化学工业出版社，2019.